海洋生物多样性著作系列

中国海及其邻近海域猛水蚤桡足类多样性

连光山　孙柔鑫　王彦国　黄将修　编著

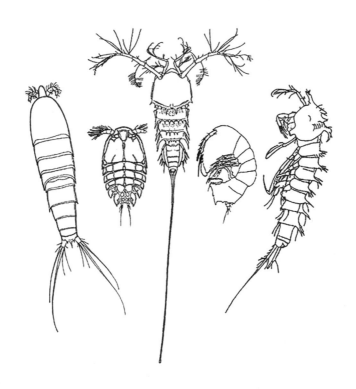

科学出版社

北京

内 容 简 介

本书专述中国海及其邻近海域猛水蚤 178 种，隶属于 33 科 102 属。介绍了猛水蚤的基本形态特征、研究简史及其分类系统的演变等，每种均附有形态特征图，并简述其体长、生态习性、地理分布、参考文献和有关分类学方面的问题讨论、同物异名。书末附有猛水蚤拉丁学名索引。

本书是目前国内记述中国海及其邻近海域猛水蚤种类最多的一部专著，内容丰富、实用，可供海洋猛水蚤多样性调查研究和渔业、水产增养殖业方面的科技人员及高等院校相关专业的师生参考使用。

图书在版编目（CIP）数据

中国海及其邻近海域猛水蚤桡足类多样性/连光山等编著 . —北京：科学出版社，2022.6
　　ISBN 978-7-03-072219-5

Ⅰ.①中… Ⅱ.①连… Ⅲ.①猛水蚤目–生物多样性–研究 Ⅳ.① Q959.223

中国版本图书馆 CIP 数据核字（2022）第 077528 号

责任编辑：朱　瑾　赵小林/责任校对：崔向琳
责任印制：吴兆东/封面设计：刘新新

科 学 出 版 社　出版
北京东黄城根北街 16 号
邮政编码：100717
http://www.sciencep.com

北京捷迅佳彩印刷有限公司　印刷
科学出版社发行　各地新华书店经销
*
2022 年 6 月第 一 版　开本：787×1092　1/16
2022 年 6 月第一次印刷　印张：14
字数：332 000
定价：198.00 元
（如有印装质量问题，我社负责调换）

《中国海及其邻近海域猛水蚤桡足类多样性》
编著者

连光山　自然资源部第三海洋研究所

孙柔鑫　自然资源部第三海洋研究所

王彦国　自然资源部第三海洋研究所

黄将修　台湾海洋大学海洋生物研究所

序

海洋猛水蚤是海洋桡足类的主要类群之一（一般体长＜1mm），绝大多数是底栖性种，仅少数是浮游性种和共生性种。其种类多、分布广，不仅是海洋小型底栖动物群落的重要组成部分，也是海洋次级生产力的构成者之一，成为沿海某些经济鱼类及仔、稚鱼和大型底栖动物的饵料基础。在海洋水产增养殖业中可进行人工培育作为活饵料，有些种类也可作为水域环境质量评价与监测的生物指标。因此，海洋猛水蚤多样性的调查研究具有重要的科学价值。然而，我国海洋猛水蚤多样性调查研究还不够广泛深入，目前国内所记录的种类还较少。今后应加强这个领域的调查研究工作，促进我国海洋猛水蚤分类学、生态学研究的发展与进步。

该书是在黄宗国和林茂 2012 年主编的《中国海洋物种和图集》的基础上，做了大幅度的补充、修改而成。它不仅补充了《中国海洋物种和图集》中所缺少的 52 种猛水蚤形态特征图，还再增加了 50 种，其中 2 种是南海北部沿海新记录种。全书共记录中国海及其邻近海域猛水蚤 178 种，隶属于 33 科 102 属，并综合采纳 Wells、Boxshall 和 Halsey、Lang 等的猛水蚤分类系统，订正、编制种类名录及主要同物异名，尽量确保各分类阶元（纲、目、科、属、种）在分类系统中的位置及名称使用的科学性、稳定性和连续性，方便读者参阅。

该书专述中国海及其邻近海域猛水蚤种类组成与分布，全面反映了目前中国海洋猛水蚤多样性调查研究的现状，促进了我国海洋猛水蚤分类学、生态学调查研究的发展与进步。其是目前国内记述中国海洋猛水蚤种类最多的一部分类学专著，内容丰富，形态特征图精美而实用，可供海洋猛水蚤多样性调查研究及渔业科技人员和高等院校相关专业的师生参考应用。

厦门大学海洋与地球学院教授　博士生导师
中国甲壳动物学会名誉理事长
中国生态学会海洋生态专业委员会名誉主任
2020 年 11 月 18 日

海洋猛水蚤（Harpacticoid）广泛分布于沿海浅水区直至大洋深海底，其栖息的个体密度与种类多样性通常以海岸带水域最高，向外海随着水深的增加而递减。它是海洋桡足类（Copepods）的主要类群之一，绝大多数是营底栖生活的种类，仅少数是浮游性或共生性种；也是海洋小型底栖动物群落的重要组成部分，成为沿海某些经济鱼类及仔、稚鱼和某些大型底栖动物的天然饵料。它的种类组成多样性及其时空分布动态均与水域环境因子密切相关。因此它在水域环境质量监测与评价中也可作为动物指示种。

我国海岸线漫长，众多岛屿、浅滩、江河口及港湾适于猛水蚤栖息，其种类组成相当复杂多样，但有关我国海洋猛水蚤调查研究方面的成果、报告还较少。直至 2012 年，中国海及其邻近海域仅记录猛水蚤 131 种，其中台湾南湾与基隆碧砂渔港（2001 ～ 2007年）就已记录 43 种，约占总种数的 1/3。这表明中国海其他水域猛水蚤的调查研究还不够广泛、深入。今后，随着我国海洋生物多样性调查研究的进展，势必会发现更多的猛水蚤种类。由于猛水蚤栖息环境复杂多样而且个体又小（一般体长＜ 1mm），可供参考的中文资料也较少，因而其标本采集和种类鉴定的难度较大。为了获得中国海高质量的猛水蚤分类学、生态学基本资料，首先必须正确鉴定种类。因此，我们编著本书以期为海洋生物多样性调查研究及渔业、水产增养殖业等方面提供基本参考资料。

本书专述中国海及其邻近海域猛水蚤种类组成多样性及地理分布。它是在黄宗国和林茂 2021 年主编的《中国海洋物种和图集》（桡足亚纲 Copepoda，猛水蚤目Harpacticoida）的基础上，做了大幅度的补充、修改编撰而成。当时本书编著者应邀编写《中国海洋物种和图集》中的甲壳纲 Crustacea 桡足亚纲 Copepoda 的种类名录（1149 种）及形态图集（845 种）。但由于《中国海洋物种和图集》的图版篇幅所限，其中猛水蚤目有 52种没有附上形态图，现在本书不仅补上，而且又增加了 50 种（含中国沿海新记录 2 种和半咸淡水种 14 种；日本南部—韩国沿海及菲律宾—马来群岛海域 34 种）。经订正，本书共记录中国海及其邻近海域猛水蚤 178 种，隶属于 33 科 102 属；采纳 Wells、Boxshall 和Halsey 及 Lang 等的猛水蚤分类系统编制种类名录；简述了猛水蚤的基本形态特征、研究简史及其分类系统的演变和有关分类学方面的问题讨论等，并附上每一种的形态特征图。为了方便参阅，将主要同物异名置入有效学名之后的方括号内，并在每种形态特征图中标注了形态结构名称缩写（英文）与符号（♀、♂），并简述了其体长、生态习性、地理分布，并附有参考文献。书末还附有猛水蚤拉丁学名索引。

　　本书的出版得到了自然资源部第三海洋研究所专项基金的资助。在编写过程中，自然资源部第三海洋研究所各级领导及同事为本书编著者提供了良好的工作环境和帮助，同时还得到了厦门大学海洋与地球学院的李少菁教授和自然资源部第三海洋研究所林茂、黄宗国两位研究员的支持与帮助，国内外同行专家、学者为本书编著者提供了许多宝贵的参考资料，科学出版社编辑也给予了我们很大的支持，在此一并表示衷心的感谢。

　　海洋猛水蚤是海洋桡足类中一个庞大而复杂的类群，有关中国海洋猛水蚤的调查研究迄今还不够广泛、深入，可供参考的中文资料又少，加上编著者学识所限，难免在收集、整理国内外有关文献、资料及订正种类名录方面存在不足之处，敬请读者指正。

连光山

2020 年 11 月 12 日

目录
Contents

Ⅰ. 猛水蚤形态特征

  海洋猛水蚤桡足类绝大多数是底栖性种类，仅少数是浮游性或共生性种。其身体通常较瘦小（一般体长＜1mm），呈圆柱形、棒槌形，少数背腹扁平，呈盾状，或侧扁，呈片状。附肢及其刺突、刚毛也较短小，适于水底攀爬活动。它的体形和附肢的形态结构复杂多变，是鉴别种类的主要依据（图版Ⅰ）。为了方便读者参阅，本书在形态特征图中均标注形态结构的名称缩写与符号（表1）。

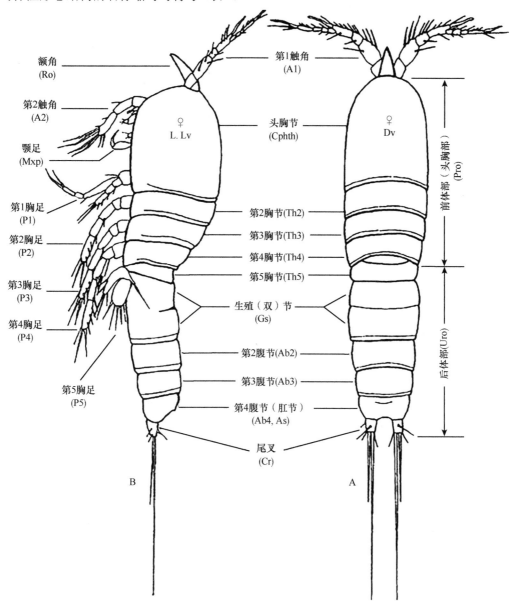

额角 (Ro)
第1触角 (A1)
第2触角 (A2)
头胸节 (Cphth)
颚足 (Mxp)
第1胸足 (P1)
第2胸足 (P2)
第2胸节(Th2)
第3胸节(Th3)
第4胸节(Th4)
第5胸节(Th5)
第3胸足 (P3)
生殖（双）节 (Gs)
第4胸足 (P4)
第2腹节(Ab2)
第3腹节(Ab3)
第5胸足 (P5)
第4腹节（肛节）(Ab4, As)
尾叉 (Cr)
前体部（头胸部）(Pro)
后体部(Uro)
L. Lv
Dv
♀
♀
B
A

图版Ⅰ 猛水蚤桡足类雌体背面观（A）及左侧面观（B）模式图（仿自文献 [87]，略有修改）

表 1　猛水蚤形态结构名称与缩写符号

缩写符号	名称	缩写符号	名称
♀	雌性	Ro	额角
♂	雄性	A1、A2	第 1、2 触角
Pro	前体部（头胸部）	Labr	上唇
Uro	后体部	Md	大颚
Cph	头部（节）	Mdp	大颚须
Cphth	头胸节	Mx1、Mx2	第 1、2 小颚
Th1～Th5	第 1～5 胸节	Mxp	颚足
Lths	末胸节	P1～P6	第 1～6 胸足
Ab	腹部	B1、B2	第 1、2 基节
Ab1～Ab5	第 1～5 腹节	Re	外肢
Gs	生殖节	Re1～Re3	外肢第 1～3 节
Go	生殖孔	Ri	内肢
As	肛节	Ri1～Ri3	内肢第 1～3 节
Cr	尾叉	Se	外缘刺或刚毛
Av	前面观	Si	内缘刺或刚毛
Pv	后面观	St	末端刚毛或刺
Dv	背面观	Ts	末节
Vv	腹面观	Term	末端
Lv	侧面观	Ansp	另一个体（标本）
L	左侧	F1	大（甲、Ⅰ）型
R	右侧	F2	小（乙、Ⅱ）型

一、体　　形

　　猛水蚤的身体分节明显，一般不超过 11 节，并分为前体部（prosome）与后体部（urosome），两者之间的活动关节位于第 4 与第 5 胸节之间。头部（节）常与第 1 胸节愈合成为头胸节。雌性第 1、2 腹节部分或完全愈合成为特异的生殖节，因而后体部仅有 5 节；雄性第 1、2 腹节不完全愈合，其后体部仍保留 6 节。躯体的形态变化多种多样，也是重要的分类特征之一，大致可分为 6 类：①圆柱形；②纺锤形；③棒槌形；④背腹扁平形；⑤左右侧扁形；⑥棘（刺）棒形（图版Ⅱ）。

　　头部前端的额角、腹部生殖节及尾叉的形态差异也是分类上的重要依据。额角大多数为单刺突，呈锥形、舌（铲）形或三角形，少数呈叉状或片状等。尾叉一般较粗短，呈棒状、锥状或片状，少数细长，呈长鞭状（图版Ⅲ）。

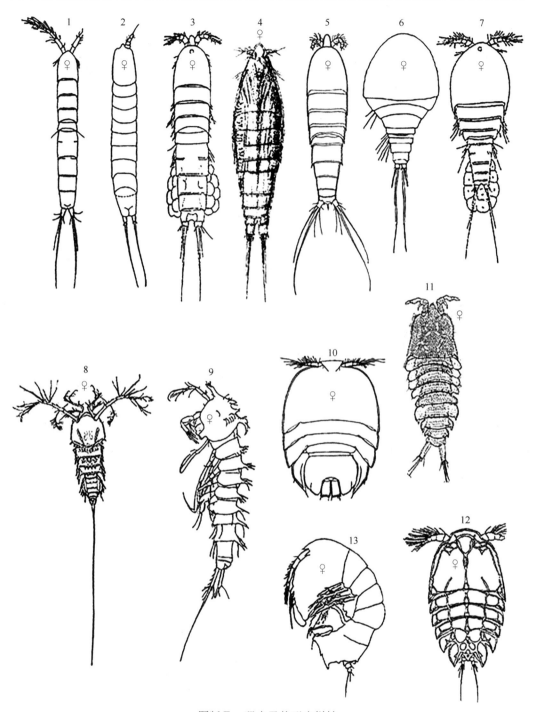

图版 Ⅱ 猛水蚤体形多样性

1～8、10～12. Dv；9、13. L. Lv。 1. 细长瘦猛水蚤 *Leptomesochra attenuata*；2. 短角蠕形猛水蚤 *Leptocaris brevicornis*；3. 沙拟小疑囊猛水蚤 *Paramphiascella vararensis*；4. 小伪布拉迪猛水蚤 *Pseudobradya minor*；5. 冠长足猛水蚤 *Longipedia coronata*；6. 海参灵巧猛水蚤 *Metis holothariae*；7. 黄小指猛水蚤 *Dactylopodella flava*；8. 太平洋角刺猛水蚤 *Pontostratiotes pacificus*；9. 奇棘老丰猛水蚤 *Echinolaophonte mirabilis*；10. 绿色鼠猛水蚤 *Porcellidium viride*；11. 叉双甲猛水蚤 *Peltidiphonte furcata*；12. 镰形龟甲猛水蚤 *Peltidium falcatum*；13. 球拟盖猛水蚤 *Parategastes sphaericus*

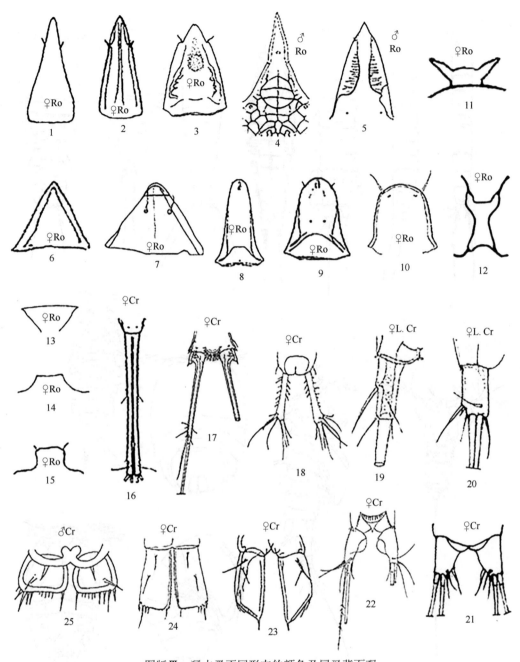

图版Ⅲ　猛水蚤不同形态的额角及尾叉背面观

1～15. 额角（Ro）：1. 典型盲疑囊猛水蚤 *Typhlamphiascus typhlops*；2. 环仿疑囊猛水蚤 *Amphiascopsis cinctus*；3. 海湾钩刺猛水蚤 *Retrocalcar sagamiensis*；4. 长角真小管猛水蚤 *Eucanuella longirostrata*；5. 羽鹿角猛水蚤 *Cervinia plumosa*；6. 著名双节猛水蚤 *Diarthrodes nobilis*；7. 掘童指猛水蚤 *Dactylopusioides fodiens*；8. 小刺长足猛水蚤 *Longipedia spinulosa*；9. 韦氏长足猛水蚤 *Longipedia weberi*；10. 小型伪大吉猛水蚤 *Pseudotachidius minutus*；11. 叉额水生猛水蚤 *Enhydrosoma bifurcarostrafum*；12. 奇棘老丰猛水蚤 *Echinolaophonte mirabilis*；13. 绿色鼠猛水蚤 *Porcellidium viride*；14. 矮小厚甲猛水蚤 *Alteuthella pygamea*；15. 盔甲棘老丰猛水蚤 *Echinolaophonte armiger*。16～25. 尾叉（Cr）：16. 小刺仿疑角猛水蚤 *Cerviniopsis minutiseta*；17. 海湾钩刺猛水蚤 *Retrocalcar sagamiensis*；18. 奇棘老丰猛水蚤 *Echinolaophonte mirabilis*；19. 角突老丰猛水蚤 *Laophonte cornuta*；20. 典型盲疑囊猛水蚤 *Typhlamphiascus typhlops*；21. 短尾小管猛水蚤 *Canuella curticaudata*；22. 球尾内猛水蚤 *Esola bulbifera*；23. 卵形鼠猛水蚤 *Porcellidium ovatum*；24、25. 绿色鼠猛水蚤 *Porcellidium viride*

二、附　肢

　　猛水蚤有 11 对附肢（图版Ⅰ）。头部（节）6 对，包括第 1、2 触角（A1、A2），组成口器的大颚（Md）与第 1、2 小颚（Mx1、Mx2）及颚足（Mxp）。胸部有 5 对胸足（Th1 ～ Th5），少数在生殖节还残留简单而弱小的第 6 胸足。这些附肢的形态结构复杂多变，尤其是第 1 触角、第 1、2 胸足及第 5 胸足的形态差异更为显著，具有重要的分类价值，包括分节数目与形状及其特异的刺突、刚毛等，是鉴别科、属、种的主要依据（图版Ⅳ、图版Ⅴ）。

　　第 1 对触角较短小，左右对称；雌性一般不超过 9 节；雄性不超过 14 节，而且左右均特化为执握肢（图版Ⅳ），可分为：简单型、亚执握型及执握型三类。

　　第 1 ～ 4 胸足均为双肢型，内、外肢通常分为 3 节，但也有少数仅有 2 节或 1 节。第 1 胸足大多数与其他胸足异形，内、外肢常具有粗壮的爪状刺或刚毛而形成执握肢。雄性第 2 或第 3 胸足内肢也常与雌性异形，具有特异的粗刺突。但也有少数雌、雄性第 2 胸足同形，如长足猛水蚤科（Longipediidae），两性第 2 胸足内肢均特别强大，呈长棒状，成为该科、属独有的特征（图版Ⅳ）。

　　第 5 胸足退化，左、右对称，雌、雄异形，大多数为单肢型，雌性分 1 ～ 2 节，雄性分 1 ～ 4 节；仅少数（♀、♂）具简单的双肢型（外肢 1 ～ 2 节，内肢 1 节）或完全退化，仅残留 1 列（数枚）粗刺与刚毛（图版Ⅴ）。

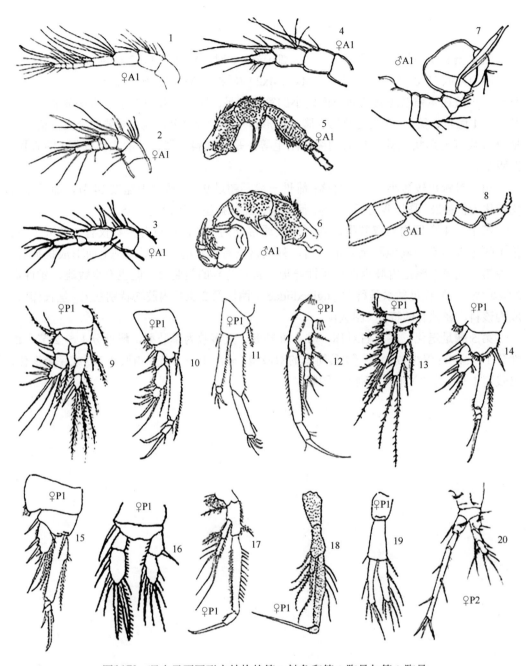

图版Ⅳ　猛水蚤不同形态结构的第 1 触角和第 1 胸足与第 2 胸足

1～8. 第 1 触角（A1）：1. 光滑猛水蚤 Harpacticus glaber；2. 隐秘裂囊猛水蚤 Schizopera clandestine；3. 模式爪猛水蚤 Onychocamptus mohammed；4. 斜方湖角猛水蚤 Limnocletodes oblongatus；5、6. 大双甲猛水蚤 Peltidiphonte major；7. 近刺大吉猛水蚤 Tachidius vicinospinalis；8. 沈氏狭腹猛水蚤 Stenhelia sheni。9～19. 第 1 胸足（P1）：9. 短尾小管猛水蚤 Canuella curticaudata；10. 环仿疑囊猛水蚤 Amphiascopsis cinctus；11. 克氏猛水蚤 Harpacticus clausi；12. 西玛老丰猛水蚤 Laophonte sima；13. 典型戴氏猛水蚤 Danielssenia typica；14. 小双节猛水蚤 Diarthrodes nanus；15. 著名双节猛水蚤 Diarthrodes nobilis；16. 尖额谐猛水蚤 Euterpina acutifrons；17. 球尾内猛水蚤 Esola bulbifera；18. 长尾内猛水蚤 Esola longicauda；19. 球拟盖猛水蚤 Parategastes sphaericus。20. 第 2 胸足（P2）：小刺长足猛水蚤 Longipedia spinulosa

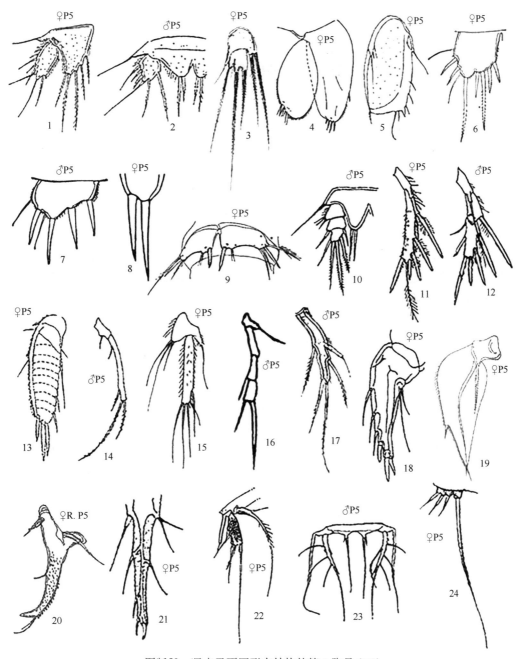

图版 Ⅴ 猛水蚤不同形态结构的第 5 胸足（P5）

1、2. 细肢疑囊猛水蚤 *Amphiascus tenuiremis*；3. 粗海滨猛水蚤 *Halectinosoma gothiceps*；4. 糠幼叶殊足猛水蚤 *Phyllothalestris mysis*；5. 叉叶足猛水蚤 *Phyllopodopsyllus furcifer*；6、7. 近刺大吉猛水蚤 *Tachidius vicinospinalis*；8. 短角蠕形猛水蚤 *Leptocaris brevicornis*；9. 何氏伪大吉猛水蚤 *Pseudotachidius horikoshii*；10. 刺拟同相猛水蚤 *Parastenhelia spinosa*；11、12. 太平洋角刺猛水蚤 *Pontostratiotes pacificus*；13. 间厚甲猛水蚤 *Alteutha interrupta*；14. 球拟盖猛水蚤 *Parategastes sphaericus*；15. 剑日角猛水蚤 *Tisbe ensifera*；16. 长角真小管猛水蚤 *Eucanuella longirostrata*；17. 钩仿老丰猛水蚤 *Laophontodes hamatus*；18. 刺尾小厚甲猛水蚤 *Alteuthella spinicauda*；19. 绿色鼠猛水蚤 *Porcellidium viride*；20. 张氏新水生猛水蚤 *Neoacrenhydrosoma zhangi*；21. 约翰拟龟甲猛水蚤 *Parapeltidium johnstoni*；22. 小刺长足猛水蚤 *Longipedia spinulosa*；23. 多毛马来猛水蚤 *Malacopsullus hirsutus*；24. 帕氏光芒猛水蚤 *Sunaristes paguri*

II. 猛水蚤分类系统

猛水蚤目 Harpacticoida 隶属于节肢动物门 Arthropoda 甲壳纲 Crustacea 桡足亚纲 Copepoda，是一类小型低等甲壳动物。它广泛分布于世界各海洋及深水水域，也分布于淡水及咸淡水水域，其分类系统较为复杂，至今仍有些科、属、种之间的关系及其在分类系统中的位置不够明确，国内外有些学者持有不同的见解。有关猛水蚤分类学研究历史悠久，其分类系统的构建也逐步完善，大致可分为三个阶段。①早期：主要有 Sars（1903～1911）的分类系统，把猛水蚤目分为 18 科。②中期：主要有 Sewell[79] 及 Lang[65] 等的分类系统，分别把猛水蚤目分为 20 科与 32 科。③近期：随着世界猛水蚤分类研究的深入，它的分类系统构建也更为科学完善，Huys 和 Boxshall[47] 及 Boxshall 和 Halsey[36] 的两部专著中所确立的猛水蚤目的"科"大为增加，分别为 47 科与 52 科；至 2007 年，Wells[87] 对前人所建立的 64 科进行了整合、修订，又提出一个较为完善的猛水蚤分类系统目录，包括 2 亚目 20 超科 56 科。我国海洋猛水蚤的调查研究还不够广泛深入，已知的种类还较少。今后，随着我国海洋生物多样性调查研究的进展，势必会发现更多的种类（含新记录种及新种），为我国海洋猛水蚤分类学、生态学研究增添宝贵的资料。

海洋桡足类分为 9 目 [20,47]，猛水蚤目是其中主要目之一。本书综合采纳 Wells[87]、Lang[65]、Huys 和 Boxshall[47] 及 Boxshall 和 Halsey[36] 有关猛水蚤分类系统资料，经订正并重新编排中国海及其邻近海域猛水蚤种类名录，共计 33 科 102 属 178 种，并把同物异名或误订名置入有效名称之后的方括号 [ ] 内，方便读者参考，以避免名称使用混乱或误解，尽可能确保各分类阶元（纲、目、科、属、种）名称（拉丁学名与中文名）使用的连续性、稳定性和科学性。

III. 中国海及其邻近海域猛水蚤种类组成与名录

本书主要根据我们多年对中国海猛水蚤桡足类的调查研究并参阅国内外有关资料，经订正，共记录中国海及其邻近海域猛水蚤 178 种，隶属于 33 科 102 属。其中以双囊猛水蚤科 Diosaccidae 的属、种最多，达 13 属 28 种；其次是殊足猛水蚤科 Thalestridae 有 12 属 18 种；此外，其余各科的种类数均较少，为 1～13 种（表 2）。

一、种类组成（科、属、种）比较

表 2 中国海及其邻近海域猛水蚤种类组成

科名	属数	种类数
（1）保猛水蚤科 Aegisthidae	5	7
（2）阿玛猛水蚤科 Ameiridae	5	9
（3）投锚猛水蚤科 Ancorabolidae	1	1
（4）银色猛水蚤科 Argestidae	1	1
（5）异足猛水蚤科 Canthocamptidae	2	4
（6）小管猛水蚤科 Canuellidae	3	4
（7）鹿角猛水蚤科 Cerviniidae	6	12
（8）短角猛水蚤科 Cletodidae	4	7
（9）娇美猛水蚤科 Cletopsyllidae	1	1
（10）盔头猛水蚤科 Clytemnestridae	1	2
（11）戴氏猛水蚤科 Danielsseniidae	1	1
（12）拟蠕猛水蚤科 Darcythompsoniidae	1	1
（13）双囊猛水蚤科 Diosaccidae	13	28
（14）长猛水蚤科 Ectinosomatidae	4	6
（15）谐猛水蚤科 Euterpinidae	1	1
（16）猛水蚤科 Harpacticidae	6	11
（17）猎手猛水蚤科 Huntemanniidae	2	3
（18）老丰猛水蚤科 Laophontidae	7	12
（19）长足猛水蚤科 Longipediidae	1	6
（20）劳林猛水蚤科 Louriniidae	1	1
（21）灵巧猛水蚤科 Metidae	1	1

续表

科名	属数	种类数
（22）奇异猛水蚤科 Miraciidae	4	4
（23）直体猛水蚤科 Orthopsyllidae	1	1
（24）拟同相猛水蚤科 Parastenheliidae	1	1
（25）龟甲猛水蚤科 Peltidiidae	7	13
（26）鼠猛水蚤科 Porcellidiidae	1	4
（27）伪大吉猛水蚤科 Pseudotachidiidae	2	4
（28）大吉猛水蚤科 Tachidiidae	2	3
（29）盖猛水蚤科 Tegastidae	1	1
（30）矩头猛水蚤科 Tetragonicipitidae	1	2
（31）殊足猛水蚤科 Thalestridae	12	18
（32）日角猛水蚤科 Tisbidae	2	7
（33）宽额猛水蚤科 Zosimidae	1	1
合计	102	178

二、种类名录（种名后标注"*"者为中国海新记录种）

桡足亚纲 Subclass Copepoda Milne-Edwards, 1840

猛水蚤目 Order Harpacticoida Sars, 1903

（一）保猛水蚤科 Family Aegisthidae Giesbrecht, 1892

1）保猛水蚤属 *Aegisthus* Giesbrecht, 1891

（1）针刺保猛水蚤 *Aegisthus aculeatus* Giesbrecht, 1891

（2）尖额保猛水蚤 *Aegisthus mucronatus* Giesbrecht, 1891

（3）刺保猛水蚤 *Aegisthus spinulosus* Farran, 1905

2）凶颚猛水蚤属 *Andromastax* Conroy-Dalton & Huys, 1999

（4）头角凶颚猛水蚤 *Andromastax cephaloceratus* Lee & Huys, 2000

3）贾斯猛水蚤属 *Jamstecia* Lee & Huys, 2000

（5）特氏贾斯猛水蚤 *Jamstecia terazakii* Lee & Huys, 2000

4）吞食猛水蚤属 *Nudivorax* Lee & Huys, 2000

（6）现代吞食猛水蚤 *Nudivorax todai* Lee & Huys, 2000

5）粗糙猛水蚤属 *Scabrantenna* Lee & Huys, 2000

（7）吴氏粗糙猛水蚤 *Scabrantenna yooi* Lee & Huys, 2000

（二）阿玛猛水蚤科［美猛水蚤科］Family Ameiridae Boeck, 1865

6）阿玛猛水蚤属［美猛水蚤属］*Ameira* Boeck, 1865

（8）长足阿玛猛水蚤［长足美猛水蚤］*Ameira longipes* Boeck, 1865

（9）小阿玛猛水蚤 *Ameira parvula* (Claus, 1866)

（10）锡博戛阿玛猛水蚤 *Ameira siboga* A. Scott, 1909

7）瘦猛水蚤属 *Leptomesochra* Sars, 1911

（11）细长瘦猛水蚤 *Leptomesochra attenuata* (A. Scott, 1896)

8）马来猛水蚤属 *Malacopsullus* Sars, 1911

（12）多毛马来猛水蚤 *Malacopsullus hirsutus* Itô, 1983

9）美丽猛水蚤属 *Nitocra* Boeck, 1865

（13）窄长美丽猛水蚤 *Nitocra arctolongus* Shen & Tai, 1973

（14）朝鲜美丽猛水蚤 *Nitocra koreanus* Chang, 2007

（15）完美美丽猛水蚤 *Nitocra pietschmanni* (Chappuis, 1934)

10）拟阿玛猛水蚤属 *Parameiropsis* Becker, 1974

（16）大型拟阿玛猛水蚤 *Parameiropsis magnus* Itô, 1983

（三）投锚猛水蚤科［锚猛水蚤科］Family Ancorabolidae Sars, 1909

11）仿老丰猛水蚤属［似老丰猛水蚤属，老仿猛水蚤属］*Laophontodes* T. Scott, 1894

（17）钩仿老丰猛水蚤［钩状似老丰猛水蚤，钩老仿猛水蚤］*Laophontodes hamatus*
(Thompson, 1882)

（四）银色猛水蚤科 Family Argestidae Por, 1986

12）深阿玛猛水蚤属 *Abyssameira* Itô, 1983

（18）退化深阿玛猛水蚤 *Abyssameira reducta* Itô, 1983

（五）异足猛水蚤科［刺平猛水蚤科］Family Canthocamptidae Sars, 1906

13）异猛水蚤属 *Heteropsyllus* T. Scott, 1894

（19）小异猛水蚤 *Heteropsyllus nanus* (Sars, 1920)

14）中型猛水蚤属 *Mesochra* Boeck, 1865

（20）亚洲中型猛水蚤［亚洲跛足猛水蚤］*Mesochra prowazeki* Douwe, 1907

（21）矮中型猛水蚤 *Mesochra pygmaea* (Claus, 1863)

（22）绥芬中型猛水蚤［绥芬跛足猛水蚤］*Mesochra suifunensis* Borutzky, 1952

（六）小管猛水蚤科 Family Canuellidae Lang, 1944

15）小管猛水蚤属 *Canuella* T. Scott & A. Scott, 1893

（23）短尾小管猛水蚤 *Canuella curticaudata* (Thompson & A. Scott, 1903)

16）暗猛水蚤属 *Scottolana* Por, 1967

（24）球尾暗猛水蚤 *Scottolana bulbifera* (Chislenko, 1971)

（25）纪氏暗猛水蚤 *Scottolana geei* Mu & Huys, 2004

17）光芒猛水蚤属 *Sunaristes* Hesse, 1867

（26）帕氏光芒猛水蚤 *Sunaristes paguri* Hesse, 1867

（七）鹿角猛水蚤科 Family Cerviniidae Sars, 1903

18）鹿角猛水蚤属 *Cervinia* Brady, 1878

（27）郎氏鹿角猛水蚤 *Cervinia langi* Montagna, 1979

（28）羽鹿角猛水蚤 *Cervinia plumosa* Itô, 1983

19）仿鹿角猛水蚤属 *Cerviniopsis* Sars, 1903

（29）小刺仿鹿角猛水蚤 *Cerviniopsis minutiseta* Itô, 1983

（30）缪氏仿鹿角猛水蚤 *Cerviniopsis muranoi* Itô, 1983

20）真小管猛水蚤属 *Eucanuella* T. Scott, 1901

（31）长角真小管猛水蚤 *Eucanuella longirostrata* Itô, 1983

21）角刺猛水蚤属 *Pontostratiotes* Brady, 1883

（32）深海角刺猛水蚤 *Pontostratiotes abyssicola* Brady, 1883

（33）太平洋角刺猛水蚤 *Pontostratiotes pacificus* Itô, 1982

（34）粗角刺猛水蚤 *Pontostratiotes robustus* Itô, 1982

（35）棉兰六爪角刺猛水蚤（亚种）*Pontostratiotes sixtorum mindanaoensis* Itô, 1982

（36）单毛角刺猛水蚤 *Pontostratiotes unisetosus* Itô, 1982

22）钝角猛水蚤属 *Stratiopontotes* Soyer, 1969

（37）地中海钝角猛水蚤 *Stratiopontotes mediterraneus* Soyer, 1969

23）锐角猛水蚤属 *Tonpostratiotes* Itô, 1982

（38）细足锐角猛水蚤 *Tonpostratiotes tenuipedalis* Itô, 1982

（八）短角猛水蚤科 Family Cletodidae T. Scott, 1905

24）角猛水蚤属 *Cletocamptus* Schmankewitsch, 1875

（39）沿岸角猛水蚤 *Cletocamptus deitersi* (Richard, 1897)

25）水生猛水蚤属 *Enhydrosoma* Boeck, 1873

（40）叉额水生猛水蚤 *Enhydrosoma bifurcarostrafum* Shen & Tai, 1965

（41）短肢水生猛水蚤 *Enhydrosoma breviarticulatum* Shen & Tai, 1964

（42）宽足水生猛水蚤 *Enhydrosoma latipes* (A. Scott, 1909)

（43）长肢水生猛水蚤 *Enhydrosoma longum* Shen & Tai, 1979

26）湖角猛水蚤属 *Limnocletodes* Borutzky, 1926

（44）斜方湖角猛水蚤 *Limnocletodes oblongatus* Shen & Tai, 1964

27）新水生猛水蚤属 *Neoacrenhydrosoma* Gee & Mu, 2000

（45）张氏新水生猛水蚤 *Neoacrenhydrosoma zhangi* Gee & Mu, 2000

（九）娇美猛水蚤科 Family Cletopsyllidae Huys & Lee, 1999

28）钩刺猛水蚤属 *Retrocalcar* Huys & Lee, 1999

（46）海湾钩刺猛水蚤 *Retrocalcar sagamiensis* (Itô, 1971)

（十）盔头猛水蚤科［暴猛水蚤科］Family Clytemnestridae A. Scott, 1909

29）盔头猛水蚤属［暴猛水蚤属］*Clytemnestra* Dana, 1848

（47）喙额盔头猛水蚤［有额盔头猛水蚤，有额暴猛水蚤］*Clytemnestra rostrata* (Brady, 1883)

（48）小盆盔头猛水蚤［硬鳞暴猛水蚤］*Clytemnestra scutellata* Dana, 1848

（十一）戴氏猛水蚤科 Family Danielsseniidae Huys & Gee, 1996

30）戴氏猛水蚤属［丹猛水蚤属］*Danielssenia* Boeck, 1873

（49）典型戴氏猛水蚤［典型丹猛水蚤］*Danielssenia typica* Boeck, 1873

（十二）拟蠕猛水蚤科 Family Darcythompsoniidae Lang, 1936

31）蠕形猛水蚤属 *Leptocaris* T. Scott, 1899

（50）短角蠕形猛水蚤 *Leptocaris brevicornis* (Douwe, 1904)

（十三）双囊猛水蚤科 Family Diosaccidae Sars, 1906

32）阿娜猛水蚤属 *Amonardia* Lang, 1944

（51）诺氏阿娜猛水蚤 *Amonardia normani* (Brady, 1872)

（52）叶阿娜猛水蚤 *Amonardia phyllopus* (Sars, 1906)

33）小疑囊猛水蚤属 *Amphiascoides* Nicholls, 1941

（53）残小疑囊猛水蚤 *Amphiascoides debilis* (Giesbrecht, 1881)

（54）略残小疑囊猛水蚤 *Amphiascoides subdebilis* (Willey, 1935)

34）仿疑囊猛水蚤属［小两栖猛水蚤属］*Amphiascopsis* Gurney, 1927

（55）锡兰仿疑囊猛水蚤 *Amphiascopsis ceylonicus* (Thompson & A. Scott, 1903)

（56）环仿疑囊猛水蚤［环疑囊猛水蚤］*Amphiascopsis cinctus* (Claus, 1866)

（57）哈氏仿疑囊猛水蚤［哈氏小两栖猛水蚤］*Amphiascopsis havelocki* (Thompson & A. Scott, 1903)

35）疑囊猛水蚤属 *Amphiascus* Sars, 1905

（58）卡氏疑囊猛水蚤 *Amphiascus kawamurai* Ueda & Nagai, 2005

（59）细巧疑囊猛水蚤 *Amphiascus tenellus* Sars, 1906

（60）细肢疑囊猛水蚤 *Amphiascus tenuiremis* (Brady & Robertson, 1875)

36）球疑囊猛水蚤属 *Bulbamphiascus* Lang, 1944

（61）羽球疑囊猛水蚤 *Bulbamphiascus plumosus* Mu & Gee, 2000

（62）刺球疑囊猛水蚤 *Bulbamphiascus spinulosus* Mu & Gee, 2000

37）双囊猛水蚤属 *Diosaccus* Boeck, 1873

（63）小齿双囊猛水蚤近似种 *Diosaccus* sp. aff. *dentatus* (Thompson & A. Scott, 1903)

（64）瘤双囊猛水蚤 *Diosaccus valens* (Gurney, 1927)

38）后仿疑囊猛水蚤属［后两栖猛水蚤属］*Metamphiascopsis* Lang, 1944

（65）多毛后仿疑囊猛水蚤［多毛后两栖猛水蚤］*Metamphiascopsis hirsutus* (Thompson & A. Scott, 1903)

39）拟小疑囊猛水蚤属［拟双倍猛水蚤属］*Paramphiascella* Lang, 1944

（66）郎氏拟小疑囊猛水蚤［奇尾拟双倍猛水蚤］*Paramphiascella langi* (Monard, 1936)

（67）沙拟小疑囊猛水蚤 *Paramphiascella vararensis* (T. Scott, 1903)

40）罗格尼猛水蚤属 *Robertgurneya* Lang, 1944

（68）拟罗格尼猛水蚤 *Robertgurneya similis* (A. Scott, 1896)

（69）刺罗格尼猛水蚤 *Robertgurneya spinulosa* (Sars, 1911)

41）裂囊猛水蚤属 *Schizopera* Sars, 1905

（70）隐秘裂囊猛水蚤 *Schizopera clandestine* (Klie, 1924)

（71）可略裂囊猛水蚤 *Schizopera neglecta* Akatova, 1935

42）残疑囊猛水蚤属 *Sinamphiascus* Mu & Gee, 2000

（72）优势残疑囊猛水蚤 *Sinamphiascus dominatus* Mu & Gee, 2000

43）狭腹猛水蚤属 *Stenhelia* Boeck, 1865

（73）长尾狭腹猛水蚤 *Stenhelia longicaudata* Boeck, 1872

（74）诺氏狭腹猛水蚤 *Stenhelia normani* (T. Scott, 1905)

（75）沈氏狭腹猛水蚤 *Stenhelia sheni* Mu & Huys, 2002

（76）戴氏狭腹猛水蚤［泰狭腹猛水蚤］*Stenhelia taiae* Mu & Huys, 2002

44）盲疑囊猛水蚤属 *Typhlamphiascus* Lang, 1944

（77）短角盲疑囊猛水蚤 *Typhlamphiascus brevicornis* (Thompson & A. Scott, 1903)

（78）典型盲疑囊猛水蚤 *Typhlamphiascus typhlops* (Sars, 1906)

（十四）长猛水蚤科［同相猛水蚤科］Family Ectinosomatidae [Ectinosomidae] Sars, 1903

45）长猛水蚤属 *Ectinosoma* Boeck, 1865

（79）诺氏长猛水蚤 *Ectinosoma normani* Thompson & A. Scott, 1896

46）海滨猛水蚤属 *Halectinosoma* Lang, 1944

（80）沙栖海滨猛水蚤 *Halectinosoma arenicola* (Rouch, 1962)

（81）粗海滨猛水蚤 *Halectinosoma gothiceps* (Giesbrecht, 1881)

47）小毛猛水蚤属 *Microsetella* Brady & Robertson, 1873

（82）挪威小毛猛水蚤［挪威小星猛水蚤］*Microsetella norvegica* (Boeck, 1864)

（83）红小毛猛水蚤 *Microsetella rosea* (Dana, 1848)

48）伪布拉迪猛水蚤属 *Pseudobradya* Sars, 1904

（84）小伪布拉迪猛水蚤 *Pseudobradya minor* (Thompson & A. Scott, 1894)*

（十五）谐猛水蚤科 Family Euterpinidae Brian, 1921

49）谐猛水蚤属 *Euterpina* Norman, 1903 [*Euterpe* Claus, 1863]

（85）尖额谐猛水蚤 *Euterpina acutifrons* (Dana, 1848)

（十六）猛水蚤科 Family Harpacticidae Dana, 1846

50）小猛水蚤属 *Harpacticella* Sars, 1908

（86）大洋小猛水蚤 *Harpacticella oceanica* Itô, 1977

51）猛水蚤属 *Harpacticus* Milne-Edwards, 1840

（87）克氏猛水蚤 *Harpacticus clausi* A. Scott, 1909

（88）光滑猛水蚤 *Harpacticus glaber* Brady, 1899

（89）瘦猛水蚤 *Harpacticus gracilis* Claus, 1863

（90）日本猛水蚤 *Harpacticus nipponicus* Itô, 1976

（91）大尾猛水蚤 *Harpacticus uniremis* Kröyer, 1842

52）潜猛水蚤属 *Perissocope* Brady, 1910

（92）脊状潜猛水蚤 *Perissocope cristatus* (A. Scott, 1909)

53）虎斑猛水蚤属 *Tigriopus* Norman, 1868

（93）伊氏虎斑猛水蚤 *Tigriopus igai* Itô, 1977

（94）日本虎斑猛水蚤 *Tigriopus japonicus* Mori, 1938

54）宙斯猛水蚤属 *Zaus* Goodsir, 1845

（95）粗宙斯猛水蚤 *Zaus robustus* Itô, 1974

55）仿宙斯猛水蚤属 *Zausodes* Wilson, 1932

（96）双节仿宙斯猛水蚤 *Zausodes biarticulatus* Itô, 1979

（十七）猎手猛水蚤科 Family Huntemanniidae Por, 1986

　56）猎手猛水蚤属 *Huntemannia* Poppe, 1884

　　（97）双节猎手猛水蚤 *Huntemannia biarticulata* Shen & Tai, 1973

　　（98）杜氏猎手猛水蚤 *Huntemannia doheoni* Song, Hyun & Won, 2007

　57）矮胖猛水蚤属 *Nannopus* Brady, 1880

　　（99）透明矮胖猛水蚤 *Nannopus palustris* Brady, 1880

（十八）老丰猛水蚤科 Family Laophontidae T. Scott, 1905

　58）扁猛水蚤属 *Applanola* Huys & Lee, 2000

　　（100）多毛扁猛水蚤 *Applanola hirsuta* (Thompson & A. Scott, 1903)

　59）棘老丰猛水蚤属 *Echinolaophonte* Nicholls, 1941

　　（101）盔甲棘老丰猛水蚤 *Echinolaophonte armiger* (Gurney, 1927)

　　（102）奇棘老丰猛水蚤 *Echinolaophonte mirabilis* (Gurney, 1927)

　60）内猛水蚤属 *Esola* Edwards, 1891

　　（103）球尾内猛水蚤 *Esola bulbifera* (Norman, 1911)

　　（104）长尾内猛水蚤 *Esola longicauda* Edwards, 1891

　61）老丰猛水蚤属 *Laophonte* Philippi, 1840

　　（105）角突老丰猛水蚤 *Laophonte cornuta* Philippi, 1840

　　（106）西玛老丰猛水蚤 *Laophonte sima* Gurney, 1927

　62）爪猛水蚤属 *Onychocamptus* Daday, 1903

　　（107）模式爪猛水蚤 *Onychocamptus mohammed* (Blanchard & Richard, 1891)

　63）拟老丰猛水蚤属 *Paralaophonte* Lang, 1944

　　（108）同类拟老丰猛水蚤 *Paralaophonte congenera* (Sars, 1908)

　64）双甲猛水蚤属 *Peltidiphonte* Gheerardyn, Fiers, Vincx & De Troch, 2006

　　（109）叉双甲猛水蚤 *Peltidiphonte furcata* Gheerardyn, Fiers, Vincx & De Troch, 2006

　　（110）大双甲猛水蚤 *Peltidiphonte major* Gheerardyn, Fiers, Vincx & De Troch, 2006

　　（111）喙额双甲猛水蚤 *Peltidiphonte rostrata* Gheerardyn, Fiers, Vincx & De Troch, 2006

（十九）长足猛水蚤科 Family Longipediidae Sars, 1903

　65）长足猛水蚤属 *Longipedia* Claus, 1863

　　（112）日本安达长足猛水蚤（亚种）*Longipedia andamanica nipponica* Itô, 1985

　　（113）冠长足猛水蚤 *Longipedia coronata* Claus, 1863

　　（114）基氏长足猛水蚤 *Longipedia kikuchii* Itô, 1980

　　（115）斯氏长足猛水蚤 *Longipedia scotti* Sars, 1903

　　（116）小刺长足猛水蚤 *Longipedia spinulosa* Itô, 1981*

　　（117）韦氏长足猛水蚤 *Longipedia weberi* A. Scott, 1909

（二十）劳林猛水蚤科 Family Louriniidae Monard, 1927

　66）劳林猛水蚤属 *Lourinia* Wilson, 1924

　　（118）武装劳林猛水蚤 *Lourinia armata* (Claus, 1866)

（二十一）灵巧猛水蚤科 Family Metidae Sars, 1910

  67）灵巧猛水蚤属 *Metis* Philippi, 1843

    （119）海参灵巧猛水蚤 *Metis holothariae* (Edwards, 1891)

（二十二）奇异猛水蚤科［粗毛猛水蚤科］Family Miraciidae Dana, 1846 [大星猛水蚤科 Macrosetellidae]

  68）长毛猛水蚤属［大星猛水蚤属］*Macrosetella* A. Scott, 1909

    （120）瘦长毛猛水蚤［秀丽大星猛水蚤］*Macrosetella gracilis* (Dana, 1847)

  69）奇异猛水蚤属［嫩猛水蚤属］*Miracia* Dana, 1846

    （121）奇异猛水蚤［奇嫩猛水蚤］*Miracia efferata* Dana, 1849

  70）眼毛猛水蚤属 *Oculosetella* Dahl, 1895

    （122）细眼毛猛水蚤 *Oculosetella gracilis* (Dana, 1849)

  71）直爪猛水蚤属 *Onychostenhelia* Itô, 1979

    （123）双刺直爪猛水蚤 *Onychostenhelia bispinosa* Huys & Mu, 2008

（二十三）直体猛水蚤科 Family Orthopsyllidae Huys, 1990

  72）直体猛水蚤属 *Orthopsyllus* Brady & Robertson, 1873

    （124）线形直体猛水蚤［林氏直体猛水蚤］*Orthopsyllus linearis* (Claus, 1866)

（二十四）拟同相猛水蚤科［拟相猛水蚤科］Family Parastenheliidae Lang, 1948

  73）拟同相猛水蚤属［拟相猛水蚤属］*Parastenhelia* Thompson & A. Scott, 1903

    （125）刺拟同相猛水蚤［刺拟相猛水蚤］*Parastenhelia spinosa* (Fischer, 1860)

（二十五）龟甲猛水蚤科 Family Peltidiidae Sars, 1904

  74）厚甲猛水蚤属 *Alteutha* Baird, 1845

    （126）间厚甲猛水蚤［折腰厚甲猛水蚤］*Alteutha interrupta* (Goodsia, 1845)

  75）小厚甲猛水蚤属 *Alteuthella* A. Scott, 1909

    （127）透明小厚甲猛水蚤 *Alteuthella pellucida* A. Scott, 1909

    （128）矮小厚甲猛水蚤 *Alteuthella pygamea* A. Scott, 1909

    （129）刺尾小厚甲猛水蚤 *Alteuthella spinicauda* A. Scott, 1909

  76）仿厚甲猛水蚤属 *Alteuthellopsis* Lang, 1944

    （130）歪尾仿厚甲猛水蚤 *Alteuthellopsis oblivia* (A. Scott, 1909)

  77）真盾猛水蚤属 *Eupelte* Claus, 1860

    （131）锐刺真盾猛水蚤［尖真盾猛水蚤］*Eupelte acutispinis* Zhang & Li, 1976

  78）真龟甲猛水蚤属 *Eupeltidium* A. Scott, 1909

    （132）平滑真龟甲猛水蚤 *Eupeltidium glabrum* A. Scott, 1909

  79）拟龟甲猛水蚤属 *Parapeltidium* A. Scott, 1909

    （133）约翰拟龟甲猛水蚤 *Parapeltidium johnstoni* A. Scott, 1909

  80）龟甲猛水蚤属 *Peltidium* Philippi, 1839

    （134）短龟甲猛水蚤 *Peltidium exiguum* A. Scott, 1909

    （135）镰形龟甲猛水蚤 *Peltidium falcatum* A. Scott, 1909

    （136）中型龟甲猛水蚤 *Peltidium intermedium* A. Scott, 1909

    （137）小龟甲猛水蚤 *Peltidium minutum* A. Scott, 1909

（138）卵形龟甲猛水蚤 *Peltidium ovale* Thompson & A. Scott, 1903

（二十六）鼠猛水蚤科 Family Porcellidiidae Sars, 1904

　　81）鼠猛水蚤属 *Porcellidium* Claus, 1860

　　（139）尖尾鼠猛水蚤 *Porcellidium acuticaudatum* Thompson & A. Scott, 1903

　　（140）短尾鼠猛水蚤 *Porcellidium brevicaudatum* Thompson & A. Scott, 1903

　　（141）卵形鼠猛水蚤 *Porcellidium ovatum* Haller, 1879

　　（142）绿色鼠猛水蚤 *Porcellidium viride* (Philippi, 1840)

（二十七）伪大吉猛水蚤科 Family Pseudotachidiidae Lang, 1936

　　82）伪大吉猛水蚤属 *Pseudotachidius* T. Scott, 1898

　　（143）太平双裂伪大吉猛水蚤（亚种）*Pseudotachidius bipartitus pacificus* Itô, 1983

　　（144）何氏伪大吉猛水蚤 *Pseudotachidius horikoshii* Itô, 1983

　　（145）小型伪大吉猛水蚤 *Pseudotachidius minutus* Itô, 1983

　　83）木状猛水蚤属 *Xylora* Hicks, 1988

　　（146）隐木状猛水蚤 *Xylora calyptogenae* Willen, 2006

（二十八）大吉猛水蚤科 Family Tachidiidae Boeck, 1865

　　84）小节猛水蚤属 *Microarthridion* Lang, 1948

　　（147）海滨小节猛水蚤 *Microarthridion littoralis* (Poppe, 1881)

　　85）大吉猛水蚤属 *Tachidius* Lilljeborg, 1853

　　（148）模范大吉猛水蚤 *Tachidius discipes* Giesbrecht, 1881

　　（149）近刺大吉猛水蚤 *Tachidius vicinospinalis* Shen & Tai, 1964

（二十九）盖猛水蚤科 Family Tegastidae Sars, 1904

　　86）拟盖猛水蚤属 *Parategastes* Sars, 1904

　　（150）球拟盖猛水蚤 *Parategastes sphaericus* (Claus, 1863)

（三十）矩头猛水蚤科 Family Tetragonicipitidae Lang, 1944

　　87）叶足猛水蚤属 *Phyllopodopsyllus* T. Scott, 1906

　　（151）叉叶足猛水蚤 *Phyllopodopsyllus furcifer* Sars, 1911 [*P. furciger* Sars, 1907]

　　（152）长尾叶足猛水蚤 *Phyllopodopsyllus longicaudatus* A. Scott, 1909

（三十一）殊足猛水蚤科［异足猛水蚤科］Family Thalestridae Sars, 1905

　　88）小指猛水蚤属 *Dactylopodella* Sars, 1905

　　（153）黄小指猛水蚤 *Dactylopodella flava* (Claus, 1866)

　　89）指状猛水蚤属 *Dactylopodia* Lang, 1948

　　（154）日角指状猛水蚤［日角小肢猛水蚤］*Dactylopodia tisboides* (Claus, 1863)

　　（155）普通指状猛水蚤 *Dactylopodia vulgaris* (Sars, 1905)

　　90）童指猛水蚤属 *Dactylopusioides* Brian, 1928

　　（156）掘童指猛水蚤 *Dactylopusioides fodiens* Shimono, Iwasaki & Kawai, 2004

　　（157）锤童指猛水蚤 *Dactylopusioides mallens* Shimono, Iwasaki & Kawai, 2007

　　91）双节猛水蚤属 *Diarthrodes* Thompson, 1882

　　（158）小双节猛水蚤 *Diarthrodes nanus* (T. Scott, 1914)

　　（159）著名双节猛水蚤 *Diarthrodes nobilis* (Baird, 1845)

（160）萨氏双节猛水蚤 *Diarthrodes sarsi* (A. Scott, 1909)

92）真指猛水蚤属 *Eudactylopus* A. Scott, 1909

（161）安氏真指猛水蚤 *Eudactylopus andrewi* Sewell, 1940

（162）丽真指猛水蚤 *Eudactylopus spectabilis* (Brian, 1923)

93）首领猛水蚤属 *Idomene* Philippi, 1843

（163）宽尾首领猛水蚤 *Idomene laticaudata* (Thompson & A. Scott, 1903)

94）捷利猛水蚤属 *Jalysus* Brian, 1927

（164）究捷利猛水蚤 *Jalysus investigetioris* Sewell, 1940

95）拟指猛水蚤属 *Paradactylopodia* Lang, 1944

（165）短角拟指猛水蚤 *Paradactylopodia brevicornis* (Claus, 1866)

（166）宽足拟指猛水蚤 *Paradactylopodia latipes* (Boeck, 1864)

96）拟月猛水蚤属 *Paramenophia* Lang, 1954

（167）宽体拟月猛水蚤 *Paramenophia platysoma* (Thompson & A. Scott, 1903)

97）叶殊足猛水蚤属 *Phyllothalestris* Sars, 1905

（168）糠幼叶殊足猛水蚤 *Phyllothalestris mysis* (Claus, 1863)

98）吻殊足猛水蚤属 *Rhynchothalestris* Sars, 1905

（169）红带吻殊足猛水蚤［赤腰吻殊足猛水蚤，红鼻异足猛水蚤］*Rhyncho-thalestris rufocincta* (Brady, 1880)

99）小将猛水蚤属 *Tydemanella* A. Scott, 1909

（170）典型小将猛水蚤 *Tydemanella typical* A. Scott, 1909

（三十二）日角猛水蚤科 Family Tisbidae Stebbing, 1910

100）日角猛水蚤属 *Tisbe* Lilljeborg, 1853

（171）百慕大日角猛水蚤 *Tisbe bermudensis* Willey, 1930

（172）剑日角猛水蚤 *Tisbe ensifera* Fischer, 1860

（173）瘦日角猛水蚤 *Tisbe gracilis* (T. Scott, 1895)

（174）长角日角猛水蚤 *Tisbe longicornis* (T. Scott & A. Scott, 1895)

（175）长毛日角猛水蚤 *Tisbe longisetosa* Gurney, 1927

（176）幼日角猛水蚤 *Tisbe tenera* (Sars, 1905)

101）小日角猛水蚤属 *Tisbella* Gurney, 1927

（177）荣小日角猛水蚤 *Tisbella timsae* Gurney, 1927

（三十三）宽额猛水蚤科 Family Zosimidae Seifried, 2003

102）宽额猛水蚤属 *Zosime* Boeck, 1872

（178）强壮宽额猛水蚤 *Zosime valida* Sars, 1919

Ⅳ. 种类记述与形态特征图

  中国海及其邻近海域已记录猛水蚤目 Harpacticoida33 科 102 属 178 种。以下简述每一种的体长（♀、♂）、生态习性、地理分布，并附有参考文献及有关科、属、种在分类学方面的问题讨论与同物异名（置入有效名称之后的方括号 [ ] 内），并附上每一种的形态特征图，供读者参考鉴别。

一、保猛水蚤科 Family Aegisthidae Giesbrecht, 1892

[Aegisthinae: Wells, 2007. Pontostratiotidae A. Scott, 1909]

  本科含 5 属 8 种 [36,87]。中国海及其邻近海域已记录 5 属 7 种。

属名	种数	页码
1. 保猛水蚤属 *Aegisthus* Giesbrecht, 1891	3	19
2. 凶颚猛水蚤属 *Andromastax* Conroy-Dalton & Huys, 1999	1	22
3. 贾斯猛水蚤属 *Jamstecia* Lee & Huys, 2000	1	23
4. 吞食猛水蚤属 *Nudivorax* Lee & Huys, 2000	1	24
5. 粗糙猛水蚤属 *Scabrantenna* Lee & Huys, 2000	1	25

1. 针刺保猛水蚤 *Aegisthus aculeatus* Giesbrecht, 1891（图 1）

  体长：♀ 1.85mm。

  生态习性：深海浮游性种。

  地理分布：东海、南海；日本黑潮潮流区；西北太平洋，印度洋及北大西洋。

  参考文献：17，19，20，21，29，36，44，46，65，74，77，87。

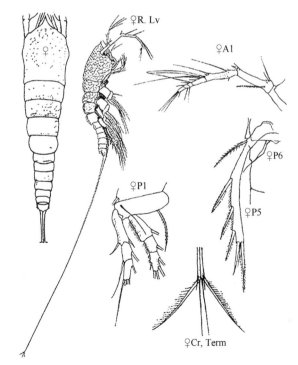

图 1　针刺保猛水蚤 *Aegisthus aculeatus*

（仿自文献 [44]）

2. 尖额保猛水蚤 *Aegisthus mucronatus* Giesbrecht, 1891（图 2）

[*Aegisthus longirostris* T. Scott, 1893; A. Scott, 1909. *A. atlanticus* Welfenden, 1902; Rose, 1933. *A. dubius* Sars, 1916 (♂); Rose, 1933 (♂)]

体长：♀ 2.0～2.6mm，♂ 1.1～2.1mm。

生态习性：深海浮游性种。

地理分布：东海、台湾海峡及南海；西北太平洋，印度洋及北大西洋。

参考文献：4，10，11，17，18，20，21，29，36，46，65，74，77，87，91。

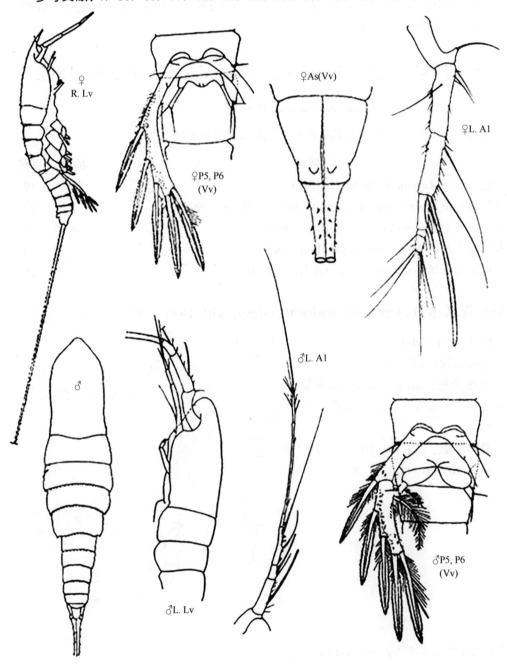

图 2　尖额保猛水蚤 *Aegisthus mucronatus*（仿自文献 [18]）

3. 刺保猛水蚤 *Aegisthus spinulosus* Farran, 1905（图 3）

体长：♀ 1.74mm。

生态习性：深海浮游性种。

地理分布：东海、南海；西北太平洋，大西洋。

参考文献：10，20，21，36，65，74，87，91，93。

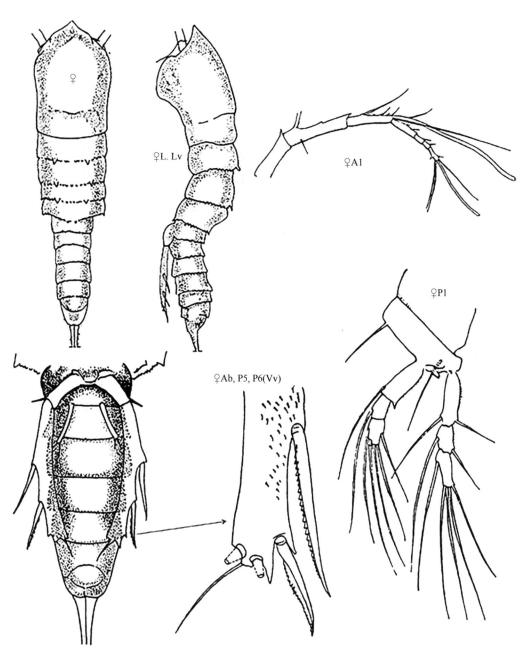

图 3　刺保猛水蚤 *Aegisthus spinulosus*（仿自文献 [74, 93]）

4. 头角凶颚猛水蚤 *Andromastax cephaloceratus* Lee & Huys, 2000（图 4）

体长： ♀ 3.06mm，♂ 2.85mm。

生态习性： 深海底栖性种。

地理分布： 东海—冲绳海槽，西北太平洋。

参考文献： 36，67，87。

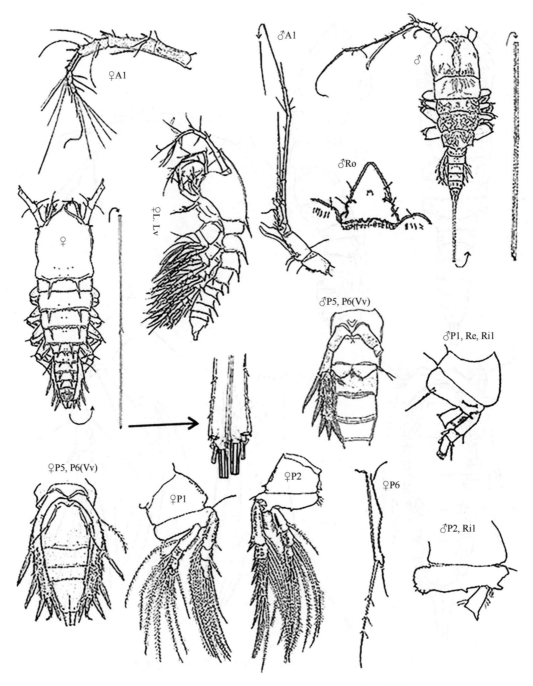

图 4　头角凶颚猛水蚤 *Andromastax cephaloceratus*（仿自文献 [67]）

5. 特氏贾斯猛水蚤 *Jamstecia terazakii* Lee & Huys, 2000（图 5）

体长：♀ 3.38mm，♂ 2.85mm。

生态习性：深海底栖性种。

地理分布：东海—冲绳海槽，西北太平洋。

参考文献：36，67，87。

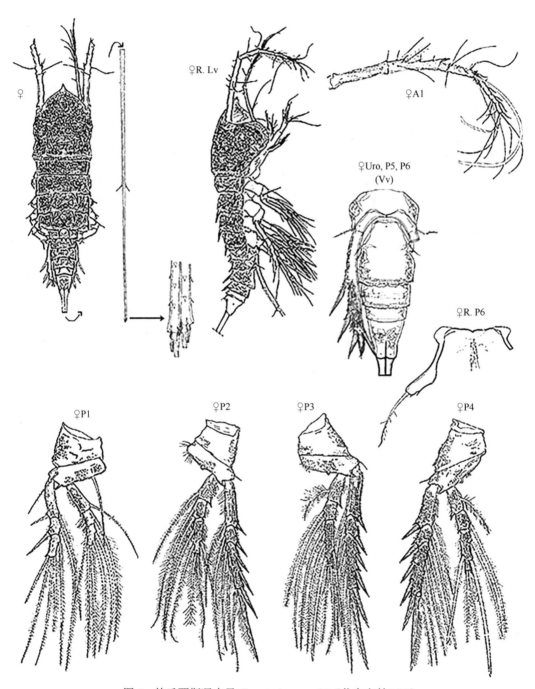

图 5　特氏贾斯猛水蚤 *Jamstecia terazakii*（仿自文献 [67]）

6. 现代吞食猛水蚤 *Nudivorax todai* Lee & Huys, 2000（图 6）

体长： ♀ 1.8mm，♂ 1.5mm。

生态习性： 深海底栖性种。

地理分布： 日本东南部沿海；西北太平洋。

参考文献： 36，67，87。

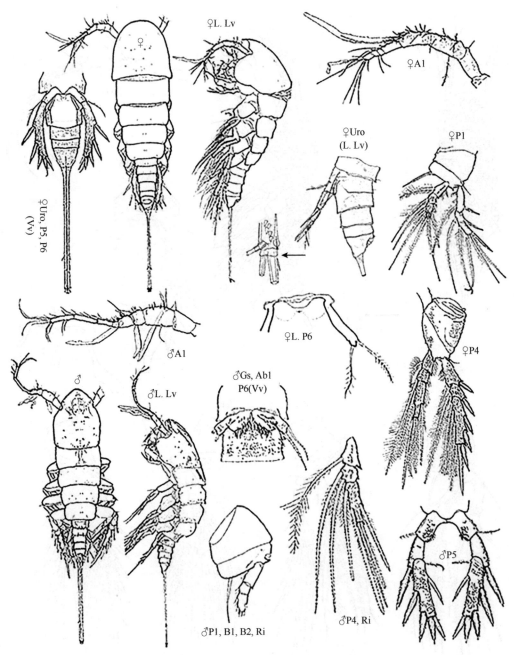

图 6　现代吞食猛水蚤 *Nudivorax todai*（仿自文献 [67]）

7. 吴氏粗糙猛水蚤 *Scabrantenna yooi* Lee & Huys, 2000（图 7）

体长：♀ 3.53mm，♂ 3.32mm。

生态习性：深海底栖性种。

地理分布：东海—冲绳海槽，西北太平洋。

参考文献：36，67，87。

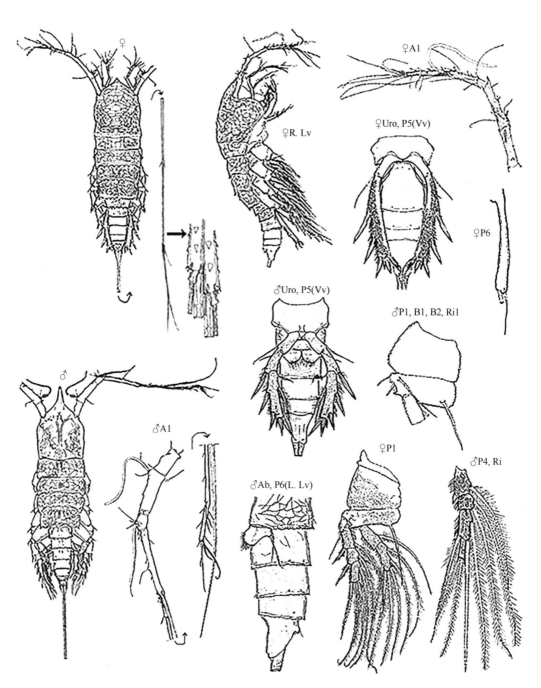

图 7　吴氏粗糙猛水蚤 *Scabrantenna yooi*（仿自文献 [67]）

二、阿玛猛水蚤科［美猛水蚤科］
Family Ameiridae Boeck, 1865

本科含 2 亚科 40 属 [87] 或 35 属 [36]。中国海及其邻近海域仅记录其中 5 属 9 种。

属名	种数	页码
1. 阿玛猛水蚤属［美猛水蚤属］*Ameira* Boeck, 1865	3	26
2. 瘦猛水蚤属 *Leptomesochra* Sars, 1911	1	29
[*Leptameira* Lang, 1936]		
3. 马来猛水蚤属 *Malacopsullus* Sars, 1911	1	30
4. 美丽猛水蚤属 *Nitocra* Boeck, 1865	3	31
[*Nitokra* Boeck, 1865; Boxshall & Halsey, 2004]		
5. 拟阿玛猛水蚤属 *Parameiropsis* Becker, 1974	1	34

8. 长足阿玛猛水蚤［长足美猛水蚤］*Ameira longipes* Boeck, 1865（图 8）

体长： ♀ 0.75mm。

生态习性： 底栖性种。

地理分布： 南海西沙群岛海域；西北太平洋，大西洋。

参考文献： 10，17，20，33，65，75，87。

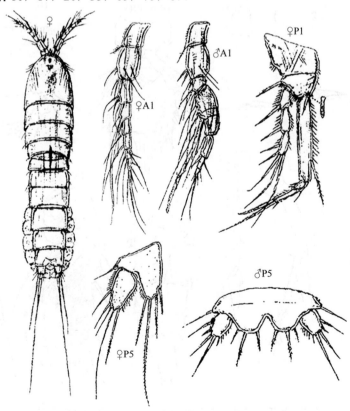

图 8　长足阿玛猛水蚤 *Ameira longipes*（仿自文献 [75]）

9. 小阿玛猛水蚤 *Ameira parvula* (Claus, 1866)（图 9）

[*Canthocamptus parvula* Claus, 1866; Lang, 1948. *Nitocra tau* Giesbrecht, 1881. *Notocran tau*: Brady, 1888.
   Ameira tau: Sars, 1911; Wilson, 1932]

   体长：♀ 0.5 ～ 0.6mm，♂ 0.4 ～ 0.5mm。

   生态习性：底栖性种。

   地理分布：东海、台湾海峡；朝鲜半岛南部及济州岛沿海；西北太平洋，印度洋及北
大西洋。

   参考文献：20，39，65，75，87。

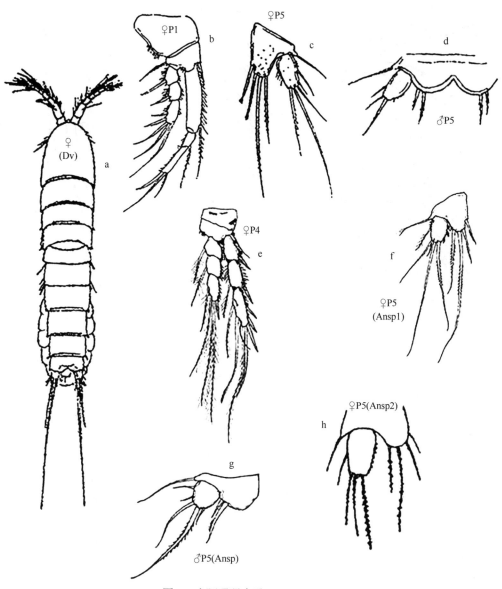

图 9　小阿玛猛水蚤 *Ameira parvula*

a ～ d 仿自文献 [75]；e ～ g 仿自文献 [39]；h 仿自文献 [65]

10. 锡博戛阿玛猛水蚤 *Ameira siboga* A. Scott, 1909（图 10）

体长： ♀ 0.4 ～ 0.6mm。

生态习性： 底栖性种。

地理分布： 南海；马来群岛海域；西北太平洋。

参考文献： 20，65，77，87。

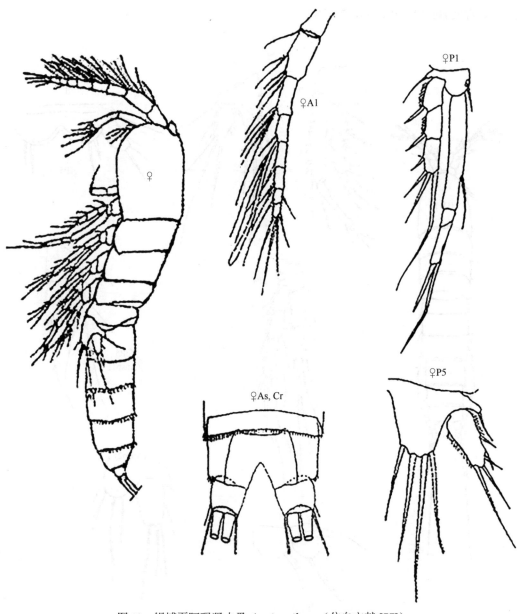

图 10　锡博戛阿玛猛水蚤 *Ameira siboga*（仿自文献 [77]）

11. 细长瘦猛水蚤 *Leptomesochra attenuata* (A. Scott, 1896)（图 11）

[*Normanella attenuata* A. Scott, 1896. *Interleptomesochra attenuata* (A. Scott, 1896): Lang, 1965; Wells, 2007]

体长：♀ 0.86mm。

生态习性：底栖性种。

地理分布：台湾海峡；西北太平洋，大西洋。

参考文献：20，65，66，75，87。

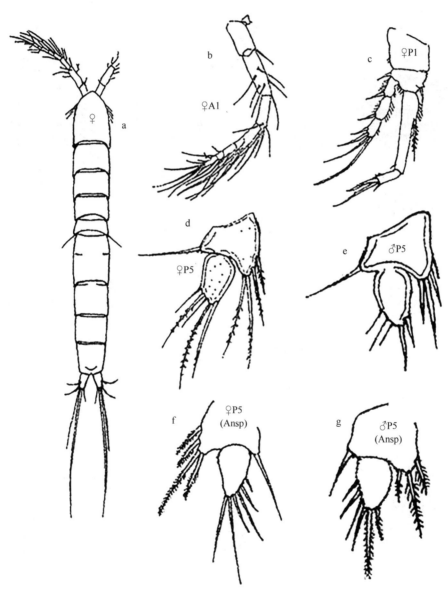

图 11　细长瘦猛水蚤 *Leptomesochra attenuata*

a～e 仿自文献 [75]；f、g 仿自文献 [65]

12. 多毛马来猛水蚤 *Malacopsullus hirsutus* Itô, 1983（图 12）

体长: ♀ 1.0mm，♂ 0.91mm。
生态习性: 深海底栖性种。
地理分布: 菲律宾棉兰老岛东南海域；西北太平洋。
参考文献: 63，87。

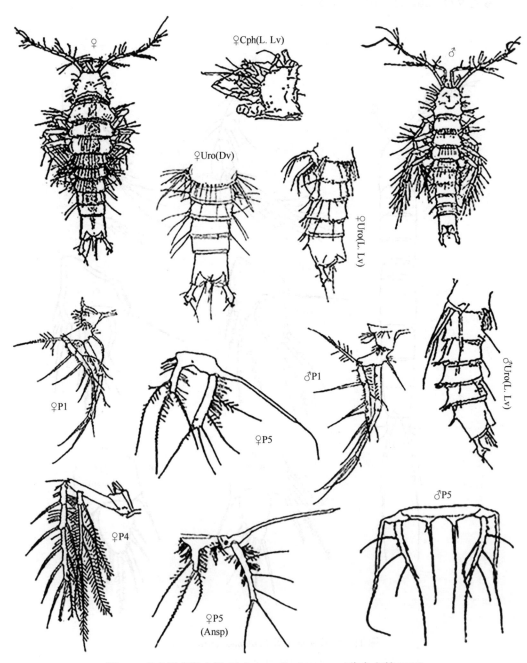

图 12　多毛马来猛水蚤 *Malacopsullus hirsutus*（仿自文献 [63]）

13. 窄长美丽猛水蚤 *Nitocra arctolongus* Shen & Tai, 1973（图 13）

体长: ♀ 0.43mm，♂ 0.40mm。

生态习性: 底栖性咸淡水种。

地理分布: 南海北部海南岛沿海；西北太平洋。

参考文献: 7，87。

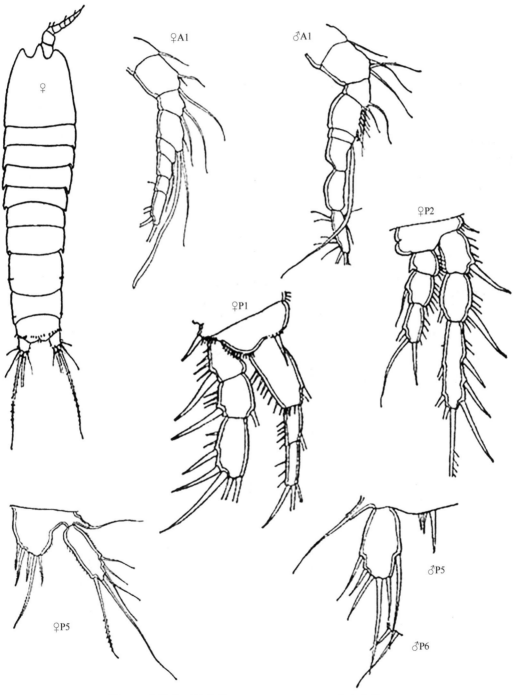

图 13　窄长美丽猛水蚤 *Nitocra arctolongus*（仿自文献 [7]）

14. 朝鲜美丽猛水蚤 *Nitocra koreanus* Chang, 2007（图 14）

[朝鲜光亮猛水蚤 *Nitokra koreanus* Chang, 2007; 连光山等, 2012]

体长： ♀ 0.72 ～ 0.83mm，♂ 0.63mm。

生态习性： 底栖性咸淡水种。

地理分布： 黄海、东海；朝鲜半岛南部及济州岛沿海；西北太平洋。

参考文献： 20，39。

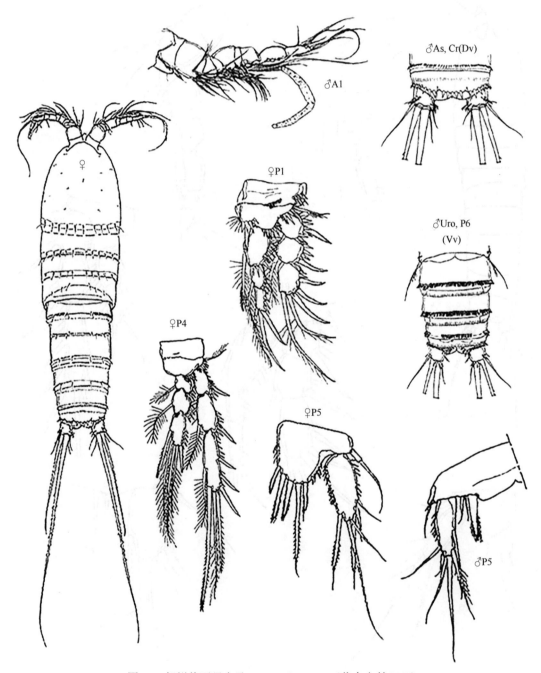

图 14　朝鲜美丽猛水蚤 *Nitocra koreanus*（仿自文献 [39]）

15. 完美美丽猛水蚤 *Nitocra pietschmanni* (Chappuis, 1934)（图 15）

[*Nitocra platypus pietschmanni* Chappuis, 1934; Lang, 1948; Wells, 2007. *N. platypus* Daday, 1920; Lang, 1948]

体长：♀ 0.66 ～ 0.70mm，♂ 0.60mm。

生态习性：底栖性咸淡水种。

地理分布：海南岛及广东沿海、南海；夏威夷群岛海域，北太平洋。

参考文献：7，65，87。

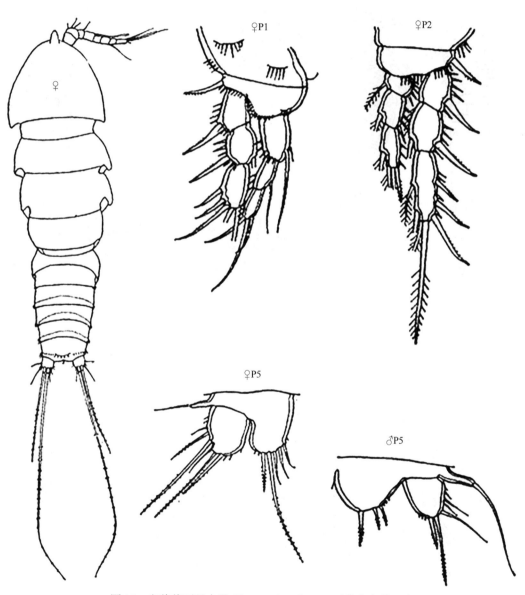

图 15　完美美丽猛水蚤 *Nitocra pietschmanni*（仿自文献 [7]）

16. 大型拟阿玛猛水蚤 *Parameiropsis magnus* Itô, 1983（图 16）

体长：♀ 3.0mm。

生态习性：深海底栖性种。

地理分布：菲律宾棉兰老岛东南海域；西北太平洋。

参考文献：63，87。

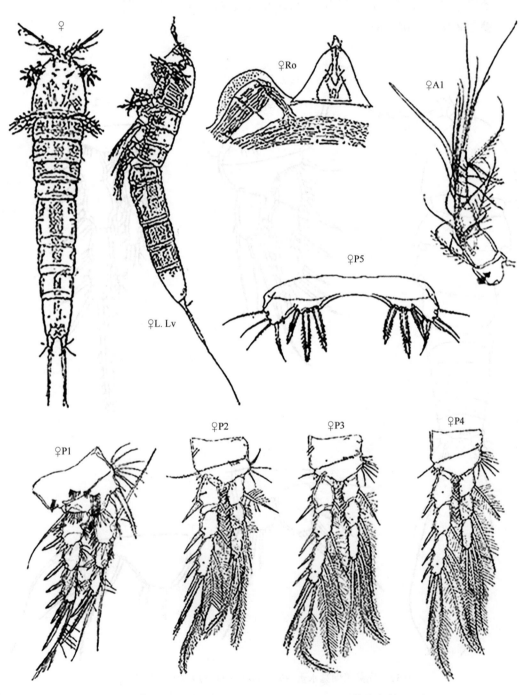

图 16　大型拟阿玛猛水蚤 *Parameiropsis magnus*（仿自文献 [63]）

三、投锚猛水蚤科［锚猛水蚤科］
Family Ancorabolidae Sars, 1909

本科含 2 亚科 20 属[36,87]。中国海域仅记录 1 属 1 种。

属名	种数	页码
仿老丰猛水蚤属［似老丰猛水蚤属，老仿猛水蚤属］*Laophontodes* T. Scott, 1894	1	35

17. 钩仿老丰猛水蚤［钩状似老丰猛水蚤，钩老仿猛水蚤］*Laophontodes hamatus* (Thompson, 1882)（图 17）

体长：♀ 0.4mm，♂ 0.35mm。

生态习性：底栖性种。

地理分布：南海西沙群岛海域；西北太平洋，北大西洋。

参考文献：10，17，20，33，65，66，75，87。

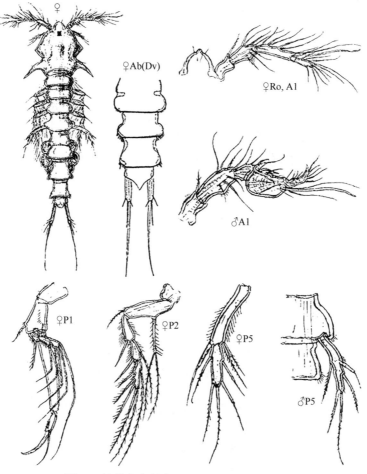

图 17　钩仿老丰猛水蚤 *Laophontodes hamatus*

♀ Ab 仿自文献 [65]，其余仿自文献 [75]

四、银色猛水蚤科 Family Argestidae Por, 1986

本科含 18 属[87]。中国海及其邻近海域仅记录 1 属 1 种。

属名	种数	页码
深阿玛猛水蚤属 *Abyssameira* Itô, 1983	1	36

注：深阿玛猛水蚤属 *Abyssameira* 是 Itô 于 1983 年建立的新属，并置入阿玛猛水蚤科 Ameiridae 之中。Boxshall 和 Halsey[36] 把深阿玛猛水蚤属 *Abyssameira* 作为银色猛水蚤科中的银色猛水蚤属 *Argestes* Sars, 1910 的异名。但 Wells[87] 又把深阿玛猛水蚤属 *Abyssameira* 作为有效属，置入银色猛水蚤科 Argestidae 之中。本书也采纳 Wells[87] 订正的科、属系统。

18. 退化深阿玛猛水蚤 *Abyssameira reducta* Itô, 1983（图 18）

体长：♂ 1.2 ~ 1.4mm。
生态习性：深海底栖性种。
地理分布：菲律宾棉兰老岛东南海域；西北太平洋。
参考文献：36，63，87。

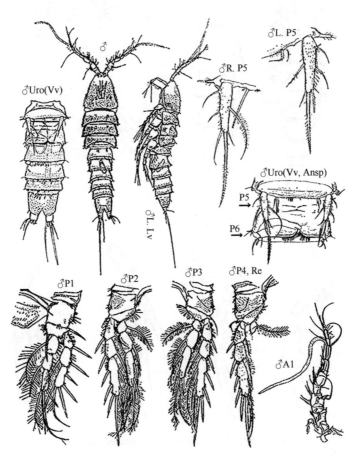

图 18　退化深阿玛猛水蚤 *Abyssameira reducta*（仿自文献 [63]）

五、异足猛水蚤科［刺平猛水蚤科］
Family Canthocamptidae Sars, 1906

[Canthocamptinae Brady, 1880]

本科含的属、种较多，分为 2 亚科 51 属 [36,87]，大多数分布于淡水水域，仅少数分布于沿海及咸淡水水域。中国海及其邻近海域仅记录 2 属 4 种。

属名	种数	页码
1. 异猛水蚤属 *Heteropsyllus* T. Scott, 1894	1	37
2. 中型猛水蚤属 *Mesochra* Boeck, 1865	3	38

19. 小异猛水蚤 *Heteropsyllus nanus* (Sars, 1920)（图 19）

[*Cletomesochra nana* Sars, 1920. *H. nanas* (Sars, 1920): 连光山等, 2012]

体长：♀ 0.38 ～ 0.43mm，♂ 0.38mm。

生态习性：底栖性种。

地理分布：台湾海峡、厦门湾、南海北部粤东沿海；西北太平洋，北大西洋。

参考文献：20，36，65，76，87。

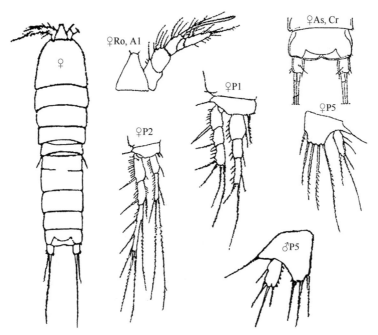

图 19　小异猛水蚤 *Heteropsyllus nanus*

♀仿自文献 [76]；♂ P5 仿自文献 [65]

20. 亚洲中型猛水蚤 [亚洲跛足猛水蚤] *Mesochra prowazeki* Douwe, 1907 （图 20）

[*Canthocamptus prowazeki* Brehm, 1913]

体长：♀ 0.39mm。

生态习性：底栖性咸淡水种。

地理分布：渤海；马来群岛海域；西北太平洋。

参考文献：7，87。

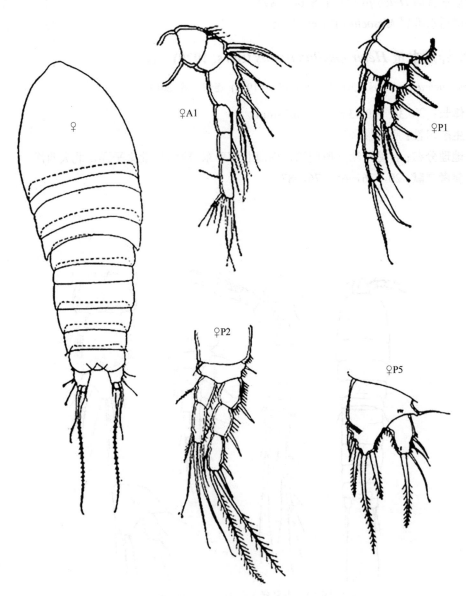

图 20　亚洲中型猛水蚤 *Mesochra prowazeki*（仿自文献 [7]）

21. 矮中型猛水蚤 *Mesochra pygmaea* (Claus, 1863)（图 21）

[*Dactylopus pygmaeus* Claus, 1863. *Canthocamptus setosus* Claus, 1866. *Canthocamptus parvus* T. & A. Scott, 1896]

体长：♀ 0.32～0.40mm。

生态习性：底栖性种。

地理分布：台湾海峡、闽江口；西北太平洋，印度洋，北大西洋，地中海。

参考文献：20，65，75，87。

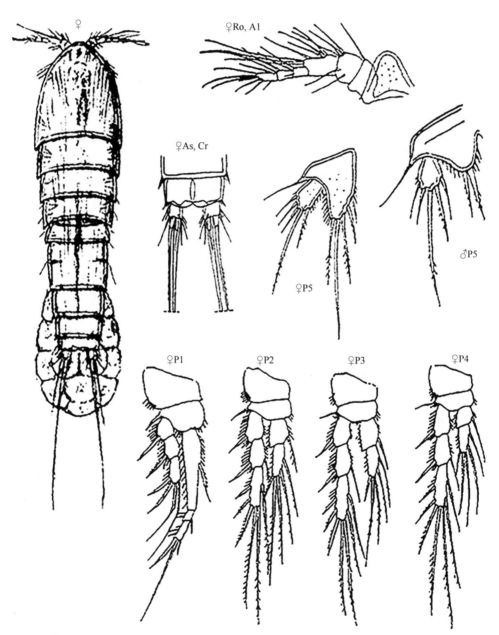

图 21　矮中型猛水蚤 *Mesochra pygmaea*（仿自文献 [75]）

22. 绥芬中型猛水蚤［绥芬跛足猛水蚤］*Mesochra suifunensis* Borutzky, 1952
（图 22）

体长：♀ 0.46mm，♂ 0.40mm。
生态习性：底栖性咸淡水种。
地理分布：海南岛沿海、广东珠江口、福建沿海、渤海；西北太平洋。
参考文献：7，87。

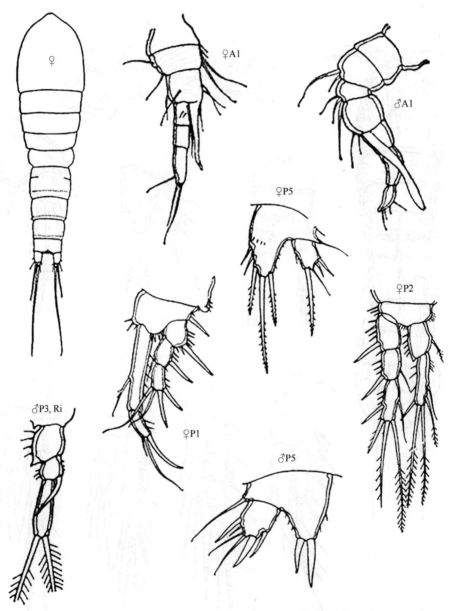

图 22　绥芬中型猛水蚤 *Mesochra suifunensis*（仿自文献 [7]）

六、小管猛水蚤科 Family Canuellidae Lang, 1944

本科含 17 属 [36,87]。中国海及其邻近海域仅记录 3 属 4 种。

属名	种数	页码
1. 小管猛水蚤属 *Canuella* T. Scott & A. Scott, 1893	1	41
2. 暗猛水蚤属 *Scottolana* Por, 1967	2	42
3. 光芒猛水蚤属 *Sunaristes* Hesse, 1867	1	44

23. 短尾小管猛水蚤 *Canuella curticaudata* (Thompson & A. Scott, 1903)（图 23）

[*Sunarites curticaudata* Thompson & A. Scott, 1903. *Intersunaristes curticaudata* (Thompson & A. Scott, 1903; Wells, 2007)]

体长：♀ 1.27mm，♂ 0.91mm。

生态习性：底栖性种。

地理分布：南海；马来群岛海域；西北太平洋，印度洋。

参考文献：20，65，77，85，87。

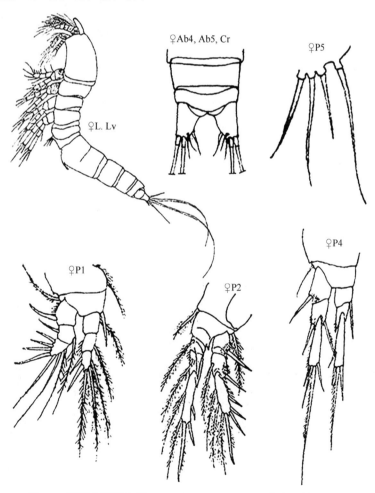

图 23　短尾小管猛水蚤 *Canuella curticaudata*（仿自文献 [77]）

24. 球尾暗猛水蚤 *Scottolana bulbifera* (Chislenko, 1971)（图 24）

体长：♀ 0.70 ～ 0.94mm，♂ 0.75 ～ 0.98mm。

生态习性：底栖性种。

地理分布：渤海、黄海；日本海；西北太平洋。

参考文献：20，73，87。

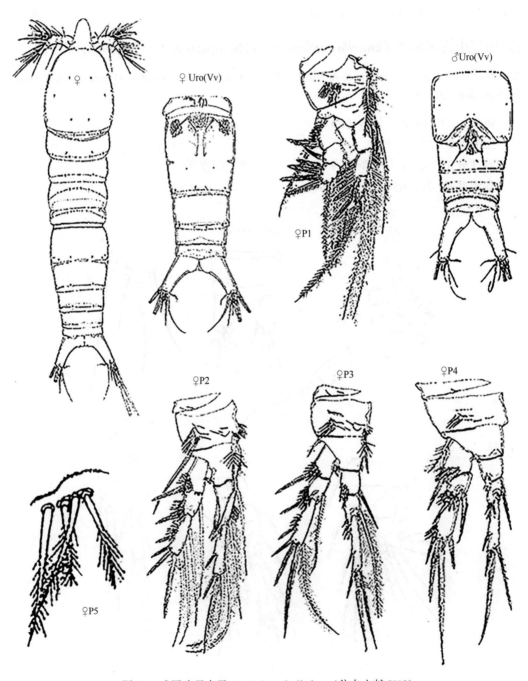

图 24　球尾暗猛水蚤 *Scottolana bulbifera*（仿自文献 [73]）

25. 纪氏暗猛水蚤 *Scottolana geei* Mu & Huys, 2004（图 25）

体长：♀ 0.88mm，♂ 0.83 ～ 1.06mm。

生态习性：底栖性种。

地理分布：渤海；西太平洋。

参考文献：20，73，87。

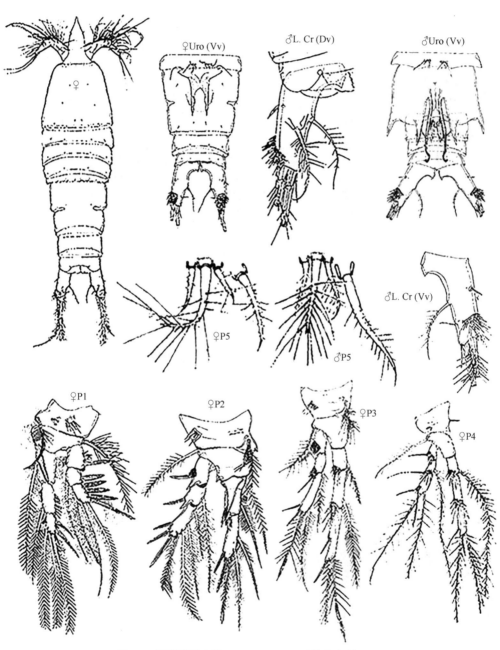

图 25　纪氏暗猛水蚤 *Scottolana geei*（仿自文献 [73]）

26. 帕氏光芒猛水蚤 *Sunaristes paguri* Hesse, 1867（图 26）

[*Longipedina paguri* W. Muller, 1884]

体长：♀ 3.0mm，♂ 2.15mm。

生态习性：底栖性种。

地理分布：南海；马来群岛海域；西北太平洋，印度洋，北大西洋。

参考文献：20，36，65，75，76，87。

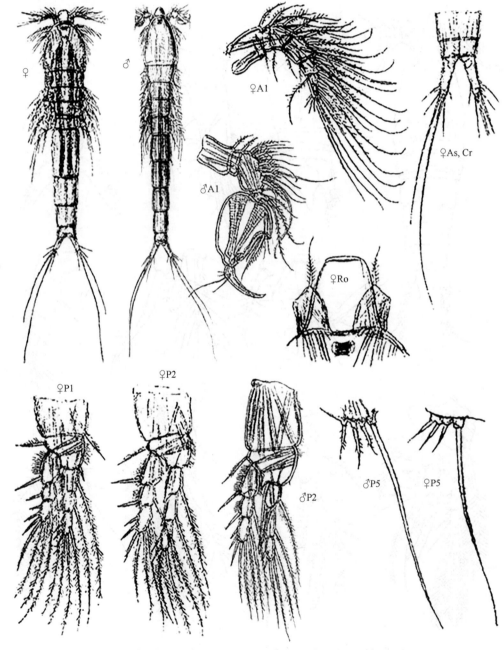

图 26　帕氏光芒猛水蚤 *Sunaristes paguri*

♀ 仿自文献 [75]；♂ 仿自文献 [76]

七、鹿角猛水蚤科 Family Cerviniidae Sars, 1903

本科含 14 属 [36]，是典型的深海底栖性猛水蚤，中国海及其邻近海域仅记录 6 属 12 种。

属名	种数	页码
1. 鹿角猛水蚤属 *Cervinia* Brady, 1878	2	45
[*Neocervinia* Huys, Mobjerg & Kristensen, 1997; *Pseudocervinia* Brotskaya, 1963]		
2. 仿鹿角猛水蚤属 *Cerviniopsis* Sars, 1903	2	47
3. 真小管猛水蚤属 *Eucanuella* T. Scott, 1901	1	49
4. 角刺猛水蚤属 *Pontostratiotes* Brady, 1883	5	50
5. 钝角猛水蚤属 *Stratiopontotes* Soyer, 1969	1	55
6. 锐角猛水蚤属 *Tonpostratiotes* Itô, 1982	1	56

注：鹿角猛水蚤科 Cerviniidae Sars, 1903 的学名在分类系统中长期被同行学者采用。至 2004 年，在 Boxshall 和 Halsey[36] 的专著中已记述本科有 14 属 73 种。但在 Wells[87] 的专著中又把鹿角猛水蚤科 Cerviniidae 合并入保猛水蚤科 Aegisthidae 中，并分为 2 亚科 "Cerviniinae" 和 "Cerviniopsinae"，该分类是否恰当还有待深入探讨。本书仍采用 "鹿角猛水蚤科 Cerviniidae Sars, 1903" 这个传统的科级学名 [36,47,65,75]。

27. 郎氏鹿角猛水蚤 *Cervinia langi* Montagna, 1979（图 27）

体长：♀ 1.7mm。

生态习性：深海底栖性种。

地理分布：菲律宾棉兰老岛东南海域，美国阿拉斯加海域；西北太平洋。

参考文献：63，87。

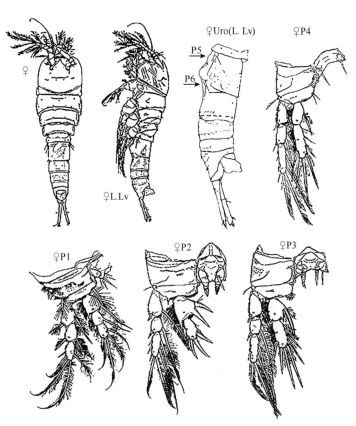

图 27　郎氏鹿角猛水蚤 *Cervinia langi*（仿自文献 [63]）

28. 羽鹿角猛水蚤 *Cervinia plumosa* Itô, 1983 （图 28）

体长：♂ 1.12mm。

生态习性：深海底栖性种。

地理分布：菲律宾棉兰老岛东南海域；西北太平洋。

参考文献：63，87。

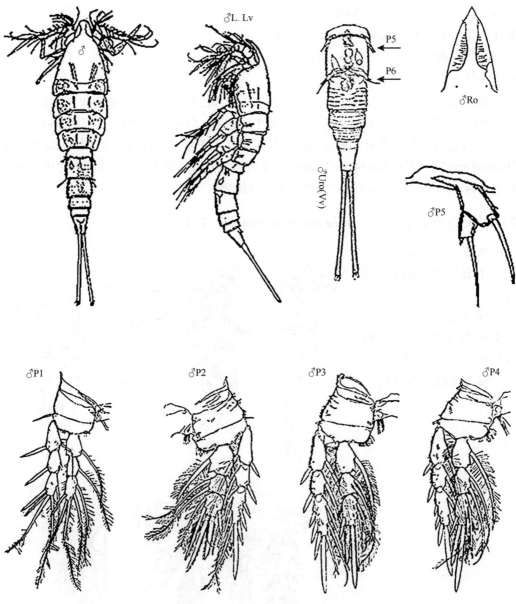

图 28　羽鹿角猛水蚤 *Cervinia plumosa*（仿自文献 [63]）

29. 小刺仿鹿角猛水蚤 *Cerviniopsis minutiseta* Itô, 1983（图 29）

体长：♂1.4mm。

生态习性：深海底栖性种。

地理分布：菲律宾棉兰老岛东南海域；西北太平洋。

参考文献：63，87。

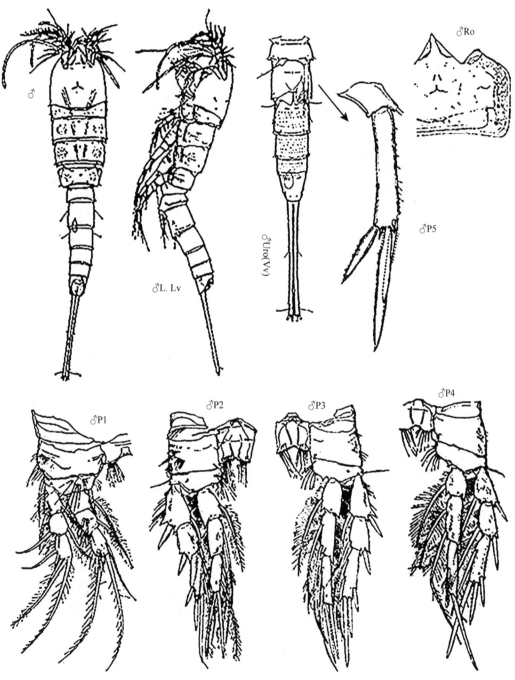

图 29　小刺仿鹿角猛水蚤 *Cerviniopsis minutiseta*（仿自文献 [63]）

30. 缪氏仿鹿角猛水蚤 *Cerviniopsis muranoi* Itô, 1983（图 30）

体长：♀ 2.0mm，♂ 1.8mm。

生态习性：深海底栖性种。

地理分布：菲律宾棉兰老岛东南海域；西北太平洋。

参考文献：63，87。

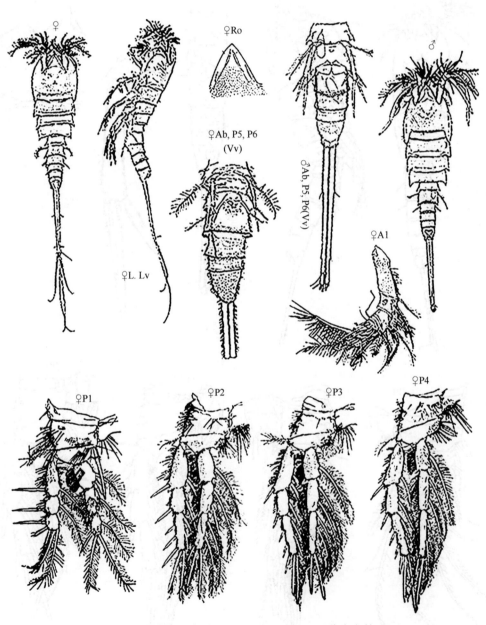

图 30　缪氏仿鹿角猛水蚤 *Cerviniopsis muranoi*（仿自文献 [63]）

31. 长角真小管猛水蚤 *Eucanuella longirostrata* Itô, 1983（图 31）

体长：♂ 1.7mm。

生态习性：深海底栖性种。

地理分布：菲律宾棉兰老岛东南海域；西北太平洋。

参考文献：63，87。

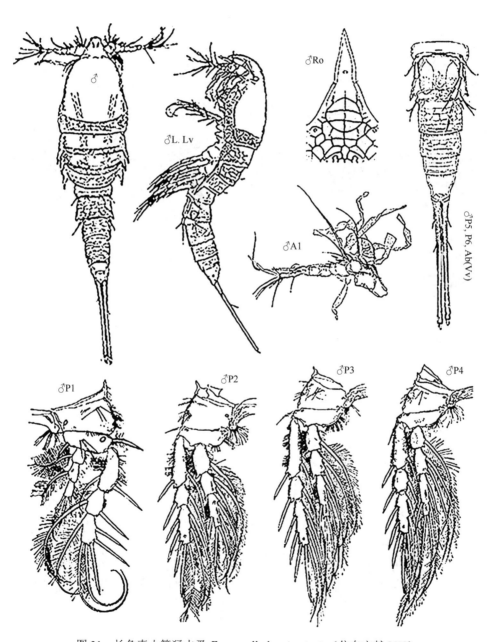

图 31　长角真小管猛水蚤 *Eucanuella longirostrata*（仿自文献 [63]）

32. 深海角刺猛水蚤 *Pontostratiotes abyssicola* Brady, 1883（图 32）

体长：♀ 3.0mm。

生态习性：深海底栖性种。

地理分布：菲律宾棉兰老岛东南海域；西北太平洋，大西洋。

参考文献：62，65，87。

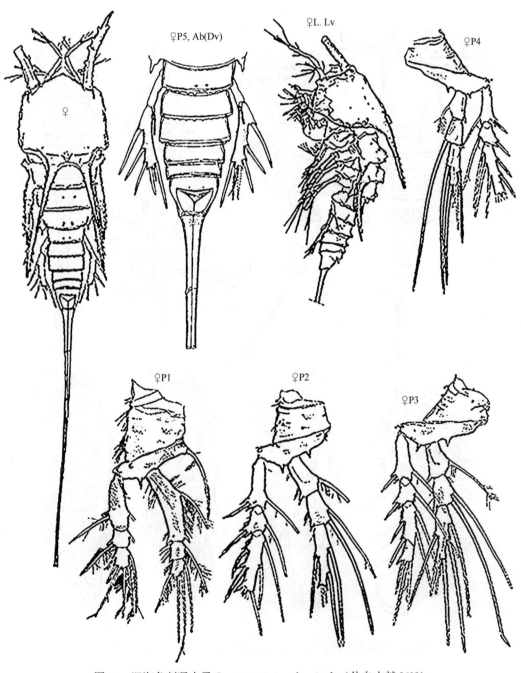

图 32　深海角刺猛水蚤 *Pontostratiotes abyssicola*（仿自文献 [62]）

33. 太平洋角刺猛水蚤 *Pontostratiotes pacificus* **Itô, 1982**（图 33）

体长：♀3.4mm，♂2.6mm。

生态习性：深海底栖性种。

地理分布：菲律宾棉兰老岛东南海域；西北太平洋。

参考文献：36，62，87。

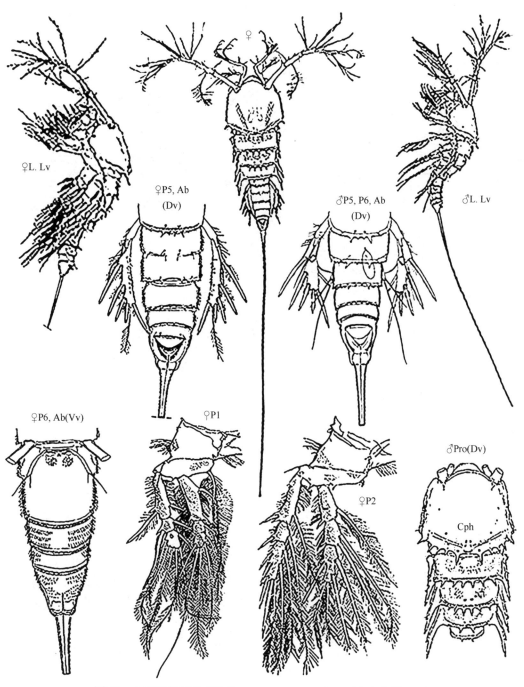

图 33　太平洋角刺猛水蚤 *Pontostratiotes pacificus*（仿自文献 [62]）

34. 粗角刺猛水蚤 *Pontostratiotes robustus* Itô, 1982（图 34）

体长：♂ 1.6mm。

生态习性：深海底栖性种。

地理分布：菲律宾棉兰老岛东南海域；西北太平洋。

参考文献：62，87。

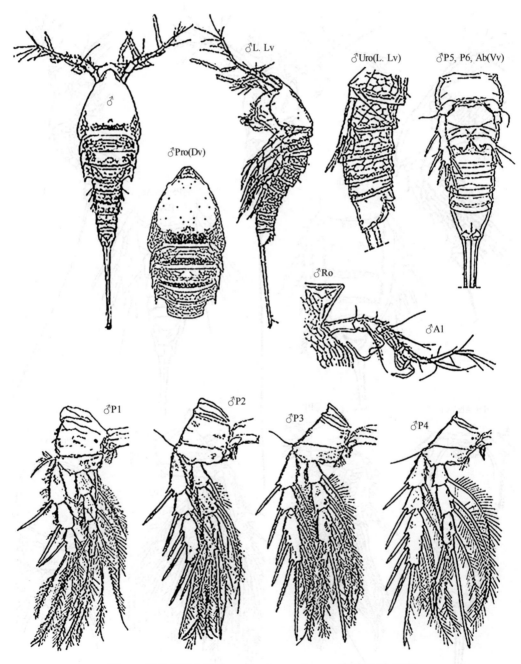

图 34　粗角刺猛水蚤 *Pontostratiotes robustus*（仿自文献 [62]）

35. 棉兰六爪角刺猛水蚤（亚种）*Pontostratiotes sixtorum mindanaoensis* Itô, 1982（图 35）

体长：♂ 1.9mm。

生态习性：深海底栖性种。

地理分布：菲律宾棉兰老岛东南海域；西北太平洋。

参考文献：62，87。

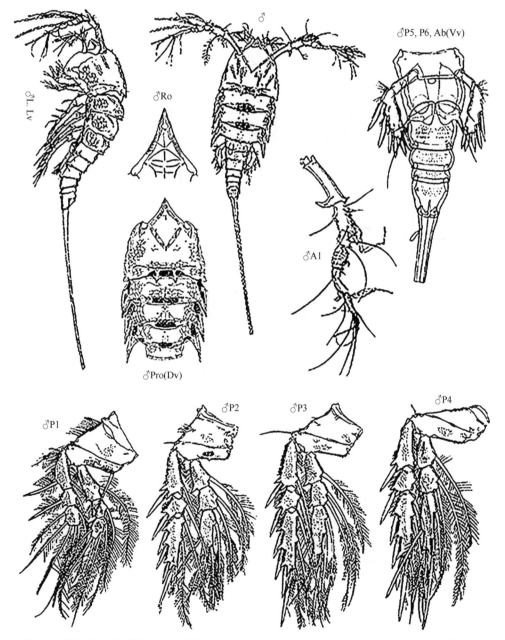

图 35　棉兰六爪角刺猛水蚤（亚种）*Pontostratiotes sixtorum mindanaoensis*（仿自文献 [62]）

36. 单毛角刺猛水蚤 *Pontostratiotes unisetosus* Itô, 1982（图 36）

体长：♀ 1.7mm，♂ 1.4mm。

生态习性：深海底栖性种。

地理分布：菲律宾棉兰老岛海域；西北太平洋。

参考文献：62，87。

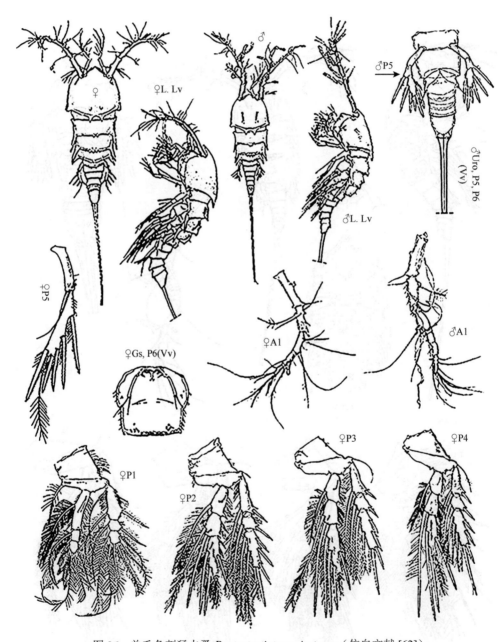

图 36　单毛角刺猛水蚤 *Pontostratiotes unisetosus*（仿自文献 [62]）

37. 地中海钝角猛水蚤 *Stratiopontotes mediterraneus* Soyer, 1969（图37）

[*Ameriotes mediterraneus* (Soyer, 1970): Mantagna, 1981]

体长：♀ 1.4mm。

生态习性：深海底栖性种。

地理分布：菲律宾棉兰老岛东南海域，美国阿拉斯加海域；西北太平洋。

参考文献：62，87。

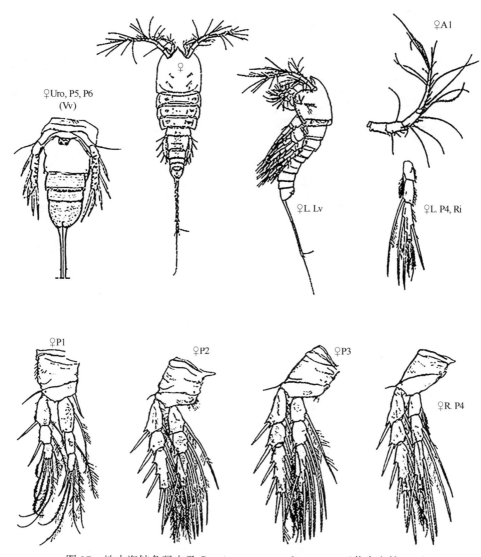

图37　地中海钝角猛水蚤 *Stratiopontotes mediterraneus*（仿自文献 [62]）

38. 细足锐角猛水蚤 *Tonpostratiotes tenuipedalis* Itô, 1982（图 38）

体长：♀ 1.8mm。

生态习性：深海底栖性种。

地理分布：菲律宾棉兰老岛东南海域；西北太平洋。

参考文献：62，87。

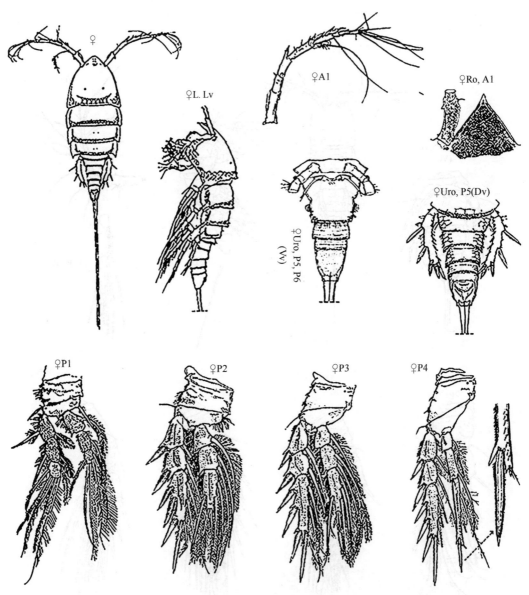

图 38　细足锐角猛水蚤 *Tonpostratiotes tenuipedalis*（仿自文献 [62]）

八、短角猛水蚤科 Family Cletodidae T. Scott, 1905

本科含 24 属[36,87]。中国海及其邻近海域仅记录 4 属 7 种。

39. 沿岸角猛水蚤 *Cletocamptus deitersi* (Richard, 1897)（图 39）

[*Cletocamptus bermudae* Welley, 1930; Lang, 1936. *C. brehmi* Kiefer, 1933; Lang, 1936. *Godetella dadayi* Delachaux, 1917. *G. deitersi* Delachaux, 1917; Chappuis, 1924. *Mesochra deitersi* Richard, 1897]

体长：♀ 0.54 ~ 0.69mm，♂ 0.50 ~ 0.62mm。

生态习性：底栖性咸淡水种。

地理分布：广东珠江口；太平洋夏威夷群岛海域，印度洋，北大西洋。

参考文献：7，65，87。

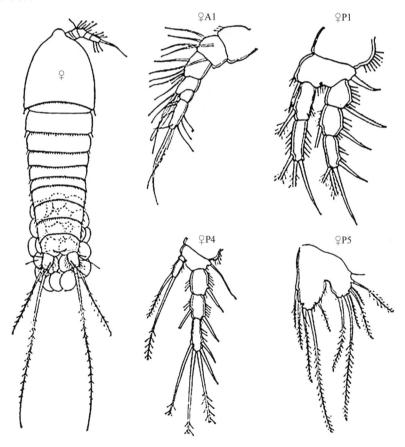

图 39 沿岸角猛水蚤 *Cletocamptus deitersi*（仿自文献 [7]）

40. 叉额水生猛水蚤 *Enhydrosoma bifurcarostrafum* Shen & Tai, 1965（图 40）

[*Schizacron bifurcarostratus* (Shen & Tai, 1965): Wells, 2007]

体长：♀ 0.75mm，♂ 0.63mm。

生态习性：底栖性咸淡水种。

地理分布：广东珠江口、厦门湾、南海；西北太平洋。

参考文献：7，16，20，34，87。

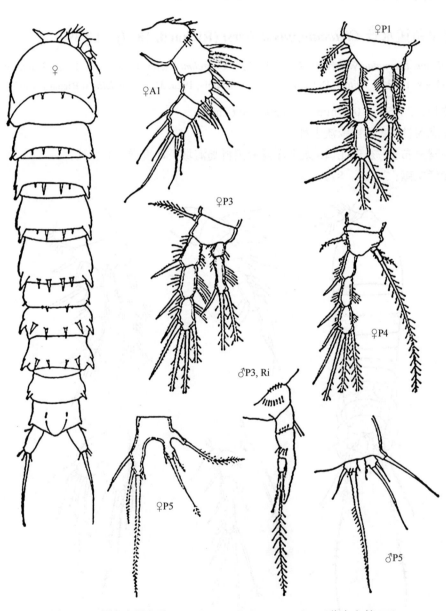

图 40　叉额水生猛水蚤 *Enhydrosoma bifurcarostrafum*（仿自文献 [7]）

41. 短肢水生猛水蚤 *Enhydrosoma breviarticulatum* Shen & Tai, 1964（图 41）

[*Enhydrosoma uniarticulatum* Shen & Tai, 1962. *Kollerua breviarticulatum* (Shen & Tai, 1964): Wells, 2007]

体长：♀ 0.40 ～ 0.47mm。

生态习性：底栖性咸淡水种。

地理分布：广东珠江口、厦门湾；西北太平洋。

参考文献：7，16，20，34，87。

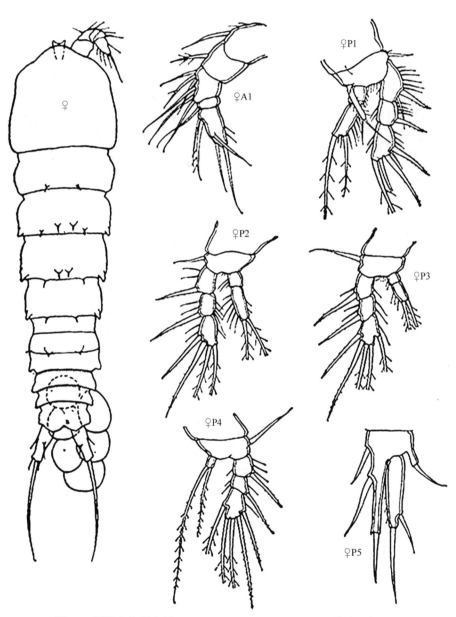

图 41　短肢水生猛水蚤 *Enhydrosoma breviarticulatum*（仿自文献 [7]）

42. 宽足水生猛水蚤 *Enhydrosoma latipes* (A. Scott, 1909)（图 42）

[*Cletodes latipes* A. Scott, 1909]

　　体长：♀ 0.57mm。

　　生态习性：底栖性种。

　　地理分布：南海；马来群岛海域；西北太平洋。

　　参考文献：20，65，77，87。

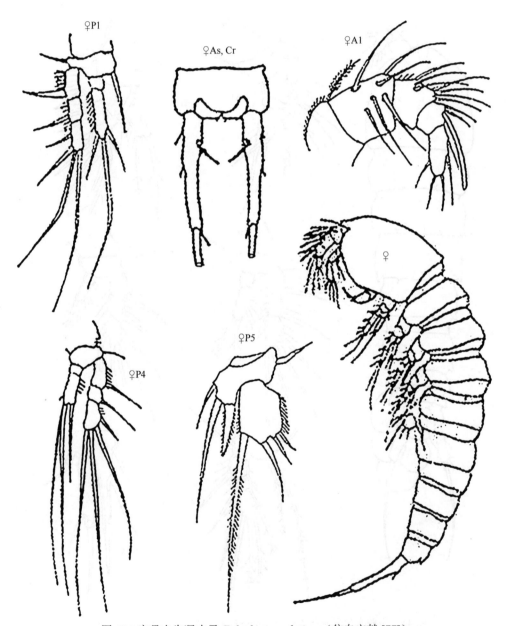

图 42　宽足水生猛水蚤 *Enhydrosoma latipes*（仿自文献 [77]）

43. 长肢水生猛水蚤 *Enhydrosoma longum* Shen & Tai, 1979（图 43）

[*Kollerua longum* (Shen & Tai, 1979): Wells, 2007]

体长：♀ 0.42mm，♂ 0.40mm。

生态习性：底栖性咸淡水种。

地理分布：广东珠江口、厦门湾、南海；西北太平洋。

参考文献：7，16，20，34，87。

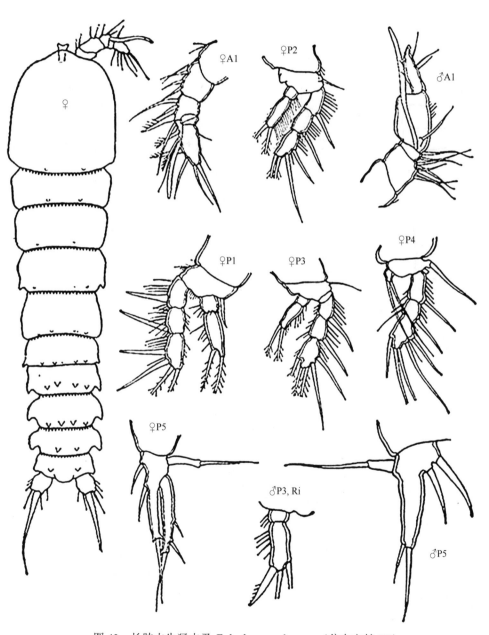

图 43　长肢水生猛水蚤 *Enhydrosoma longum*（仿自文献 [7]）

44. 斜方湖角猛水蚤 *Limnocletodes oblongatus* Shen & Tai, 1964（图 44）

体长: ♀0.43mm，♂0.34mm。

生态习性: 底栖性咸淡水种。

地理分布: 海南岛沿海、南海；西北太平洋。

参考文献: 7，87。

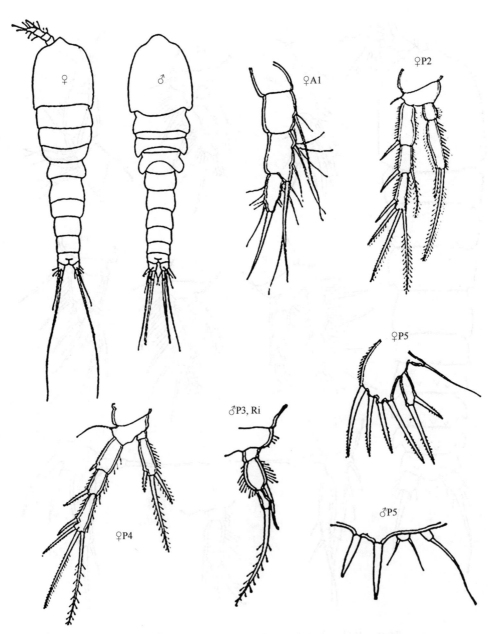

图 44　斜方湖角猛水蚤 *Limnocletodes oblongatus*（仿自文献 [7]）

45. 张氏新水生猛水蚤 *Neoacrenhydrosoma zhangi* Gee & Mu, 2000（图 45）

体长：♀ 0.47～0.51mm，♂ 0.46mm。

生态习性：底栖性种。

地理分布：渤海；西北太平洋。

参考文献：20，42，87。

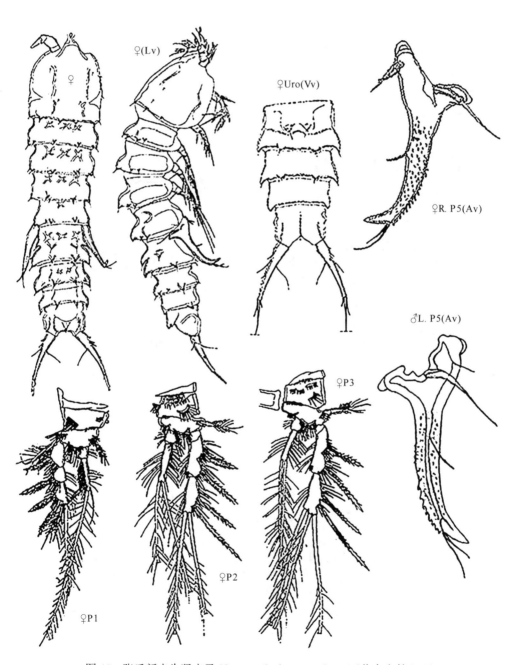

图 45　张氏新水生猛水蚤 *Neoacrenhydrosoma zhangi*（仿自文献 [42]）

九、娇美猛水蚤科 Family Cletopsyllidae Huys & Lee, 1999

本科包括 4 属 9 种 [36,87]。中国海及其邻近海域仅记录 1 属 1 种。

属名	种数	页码
钩刺猛水蚤属 *Retrocalcar* Huys & Lee, 1999	1	64

46. *海湾钩刺猛水蚤 Retrocalcar sagamiensis* (Itô, 1971)（图 46）

[*Cletopsyllus sagamiensis* Itô, 1971]

体长: ♀ 1.6mm，♂ 1.3mm。

生态习性: 底栖性种。

地理分布: 日本东南部沿海；西北太平洋。

参考文献: 36，48，52，87。

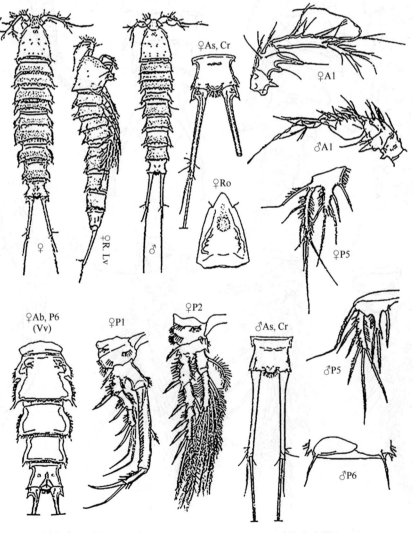

图 46　海湾钩刺猛水蚤 *Retrocalcar sagamiensis*（仿自文献 [52]）

十、盔头猛水蚤科［暴猛水蚤科］
Family Clytemnestridae A. Scott, 1909

[Clytemnestrinae: Wells, 2007. Pseudo-Peltidiidae Poppe, 1891: Lang, 1948]

盔头猛水蚤科 Clytemnestridae A. Scott, 1909 及盔头猛水蚤属 *Clytemnestra* Dana, 1848 在猛水蚤分类系统中长期被采用，并把显猛水蚤属 *Goniopsyllus* Brady, 1883 作为盔头猛水蚤属 *Clytemnestra* Dana, 1848 的异名 [8,24,40,47,65,66,70,74]，但是 Huys 和 Conroy-Dalton[94] 及 Boxshall 和 Halsey[36] 又重新启用已被废弃的属名——显猛水蚤属 *Goniopsyllus* Brady, 1883（含 3 种），而且 Wells[87] 又把盔头猛水蚤科 Clytemnestridae 作为龟甲猛水蚤科 Peltidiidae 中的一个亚科 Clytemnestrinae（含盔头猛水蚤属 *Clytemnestra* 与显猛水蚤属 *Goniopsyllus* 2 属），这些是否恰当还有待深入探讨。本书仍把盔头猛水蚤科 Clytemnestridae 作为有效而独立的科，把显猛水蚤属 *Goniopsyllus* 作为盔头猛水蚤属 *Clytemnestra* 的异名。

本科仅有盔头猛水蚤属 *Clytemnestra* Dana, 1848（含 8 种及 2 疑问种）1 属。中国海及其邻近海域仅记录其中 2 种。

属名	种数	页码
盔头猛水蚤属［暴猛水蚤属］*Clytemnestra* Dana, 1848	2	65

[显猛水蚤属 *Goniopsyllus* Brady, 1883; 陈清潮, 2008]

47. 喙额盔头猛水蚤［有额盔头猛水蚤，有额暴猛水蚤］*Clytemnestra rostrata* (Brady, 1883)（图 47）

[有额显猛水蚤 *Goniopsyllus rostrata* Brady, 1883; Huys et al., 2000; Boxshall et al., 2004; Wells, 2007; 陈清潮, 2008]

体长：♀ 0.6～1.0mm，♂ 0.8～0.9mm。

生态习性：*海洋浮游性广布种。*

地理分布：东海至南海；太平洋，印度洋及大西洋。

参考文献：4，8，9，10，14，15，17，19，20，26，36，40，65，87，94。

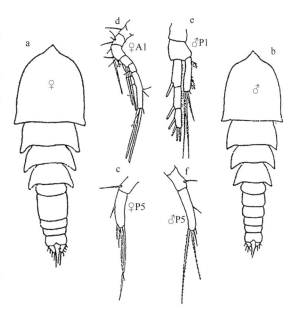

图 47 喙额盔头猛水蚤 *Clytemnestra rostrata*

a～c 仿自文献 [8]；d～f 仿自文献 [40]

48. 小盆盔头猛水蚤［硬鳞暴猛水蚤］*Clytemnestra scutellata* Dana, 1848（图 48）

体长：♀ 0.86 ～ 1.90mm，♂ 0.80 ～ 1.30mm。
生态习性：海洋浮游性广布种。
地理分布：东海至南海；太平洋，印度洋及大西洋。
参考文献：4，8，9，10，14，15，17，19，20，23，26，30，36，40，65，87。

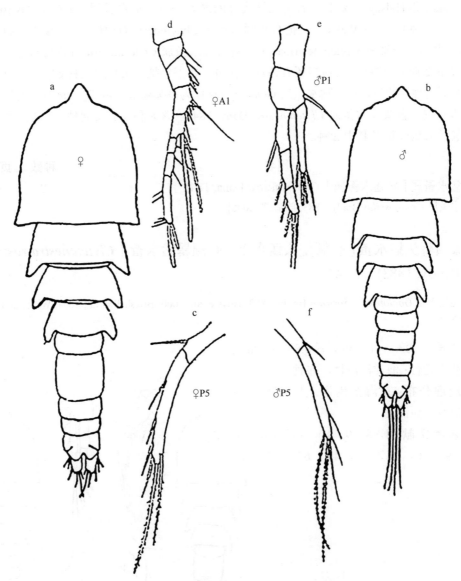

图 48　小盆盔头猛水蚤 *Clytemnestra scutellata*

a ～ c 仿自文献 [8]；d ～ f 仿自文献 [40]

十一、戴氏猛水蚤科
Family Danielsseniidae Huys & Gee, 1996

本科含 18 属[36]，其中戴氏猛水蚤属 *Danielssenia* Boeck, 1872 所隶属的科级有变化。早期学者 Sars[75]、Lang[65]、沈嘉瑞和白雪娥 [5]、连光山等 [17,20] 把戴氏猛水蚤属置入"大吉猛水蚤科 Tachidiidae Sars, 1905"中。近期，Wells[87] 又把本属置入"伪大吉猛水蚤科 Pseudotachidiidae Lang, 1936"中，陈清潮 [10] 把本属置入"谐猛水蚤科 Euterpinidae Brian，1921"中，而 Boxshall 和 Halsey[36] 把本属置入"戴氏猛水蚤科 Danielsseniidae Huys & Gee, 1996"之中。上述 4 个科、属的体型及附肢形态结构的差异比较表明，还是把"戴氏猛水蚤属 *Danielssenia*"置入"戴氏猛水蚤科 Danielsseniidae"中更为恰当 [36]。

戴氏猛水蚤属 *Danielssenia* 已知有 3 种 [36]。中国海仅记录其中 1 属 1 种。

属名	种数	页码
戴氏猛水蚤属［丹猛水蚤属］*Danielssenia* Boeck, 1873	1	67

49. 典型戴氏猛水蚤［典型丹猛水蚤］*Danielssenia typica* Boeck, 1873（图 49）

[*Zosime spinulosa* Brady & Robertson, 1875. *Jonesiella spinulosa* Brady 1880; T. Scott, 1905]

体长：♀ 0.40 ～ 0.85mm。

生态习性：底栖性种。

地理分布：渤海；西北太平洋，北大西洋。

参考文献：5，10，20，36，65，75，87。

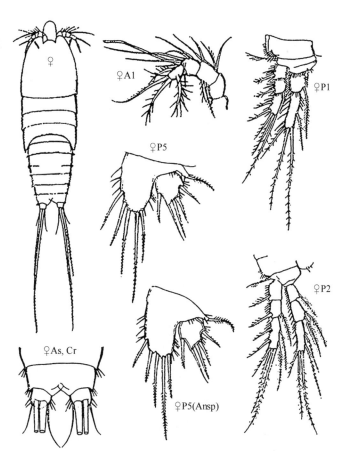

图 49　典型戴氏猛水蚤
Danielssenia typica（仿自文献 [5]）

十二、拟蠕猛水蚤科
Family Darcythompsoniidae Lang, 1936

[D'Arcythompsoniidae Lang, 1936; 1948; 1965; 沈嘉瑞等, 1979. Cylindropsyllidae Gurney, 1927; 1932 (部分)]

　　拟蠕猛水蚤科 Darcythompsoniidae Lang, 1936 的拉丁学名书写格式有变化。Lang[65,66]均采用于 1936 年建立的本科学名为"D'Arcythompsoniidae"。至 2004 年，Boxshall & Halsey 及 2007 年，Wells 将上述科名修正为"Darcythompsoniidae Lang, 1936"，更便于书写与拼读。本书也采用 Wells[87] 修正的拉丁学名 Darcythompsoniidae。

　　本科包含 4 属。中国海域仅记录 1 属 1 种。

属名	种数	页码
蠕形猛水蚤属 Leptocaris T. Scott, 1899	1	68

[Cylindropsyllus Douwe, 1904. Horsiella Gurney, 1920; Lang, 1948; 沈嘉瑞等, 1979]

50. 短角蠕形猛水蚤 Leptocaris brevicornis (Douwe, 1904)（图 50）

[Cylindropsyllus brevicornis Douwe, 1904. Horsiella brevicornis Gurney, 1920; 1927; Lang, 1948; 沈嘉瑞等, 1979]

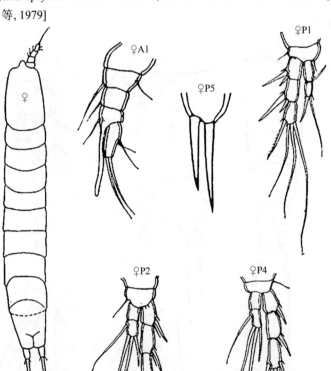

体长：♀ 0.44mm。

生态习性：底栖性咸淡水种。

地理分布：海南岛沿海、南海；西北太平洋，印度洋，北大西洋。

参考文献：7，45，65，87。

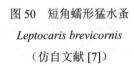

图 50　短角蠕形猛水蚤

Leptocaris brevicornis

（仿自文献 [7]）

十三、双囊猛水蚤科 Family Diosaccidae Sars, 1906

[Diosaccinae: Wells, 2007. Miraciidae: Boxshall & Halsey, 2004 (部分); Wells, 2007 (部分)]

本科包含的属、种较多（含海洋与淡水的种类），大约有 48 属 [87]。近期本科在分类系统中的位置变动较大，Boxshall 和 Halsey[36] 及 Wells[87] 均把本科的大部分属、种并入"奇异猛水蚤科 Miraciidae"，少数并入"保猛水蚤科 Aegisthidae"中，并废弃了已被长期使用的"双囊猛水蚤科 Diosaccidae"学名。上述的科、属整合、变动是否恰当有待探讨。为了确保分类系统中科、属阶元使用的连续性、稳定性，本书仍采用"双囊猛水蚤科 Diosaccidae"传统学名 [7,47,65,66,75,76]。

中国海及其邻近海域仅记录 13 属 28 种。

属名	种数	页码
1. 阿娜猛水蚤属 Amonardia Lang, 1944	2	70
2. 小疑囊猛水蚤属 Amphiascoides Nicholls, 1941	2	72
[两栖猛水蚤属 Amphiascella Thompson & A. Scott, 1903]		
3. 仿疑囊猛水蚤属 [小两栖猛水蚤属] Amphiascopsis Gurney, 1927	3	74
4. 疑囊猛水蚤属 Amphiascus Sars, 1905	3	77
5. 球疑囊猛水蚤属 Bulbamphiascus Lang, 1944	2	80
6. 双囊猛水蚤属 Diosaccus Boeck, 1873	2	82
[Paradiosaccus Lang, 1948]		
7. 后仿疑囊猛水蚤属 [后两栖猛水蚤属] Metamphiascopsis Lang, 1944	1	84
8. 拟小疑囊猛水蚤属 [拟双倍猛水蚤属] Paramphiascella Lang, 1944	2	85
9. 罗格尼猛水蚤属 Robertgurneya Lang, 1944	2	87
10. 裂囊猛水蚤属 Schizopera Sars, 1905	2	89
11. 残疑囊猛水蚤属 Sinamphiascus Mu & Gee, 2000	1	91
12. 狭腹猛水蚤属 Stenhelia Boeck, 1865	4	92
13. 盲疑囊猛水蚤属 Typhlamphiascus Lang, 1944	2	96

51. 诺氏阿娜猛水蚤 *Amonardia normani* (Brady, 1872)（图 51）

[拟疑囊水蚤 *Amphiascus similis*: Sars, 1906; 1911; 连光山和黄将修, 2008; 陈清潮, 2008. *Dactylopus normani* Brady, 1872]

体长: ♀ 1.0mm，♂ 0.8mm。

生态习性: 底栖性种。

地理分布: 台湾基隆碧砂渔港、南海; 西北太平洋, 北大西洋。

参考文献: 10, 17, 19, 20, 65, 75, 87。

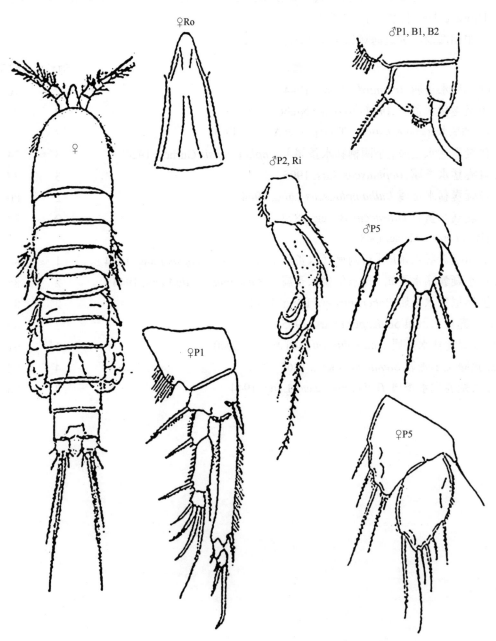

图 51　诺氏阿娜猛水蚤 *Amonardia normani*（仿自文献 [75]）

52. 叶阿娜猛水蚤 *Amonardia phyllopus* (Sars, 1906)（图 52）

[叶疑囊猛水蚤 *Amphiascus phyllopus* Sars, 1906; 1911; 连光山和黄将修, 2008; 陈清潮, 2008.
　Amphiascopsis phyllopus: Gurney, 1927]

体长： ♀ 0.66 ～ 0.90mm，♂ 0.65mm。

生态习性： 底栖性种。

地理分布： 台湾基隆碧砂渔港、南海；西北太平洋，北大西洋。

参考文献： 10，17，19，20，65，75，87。

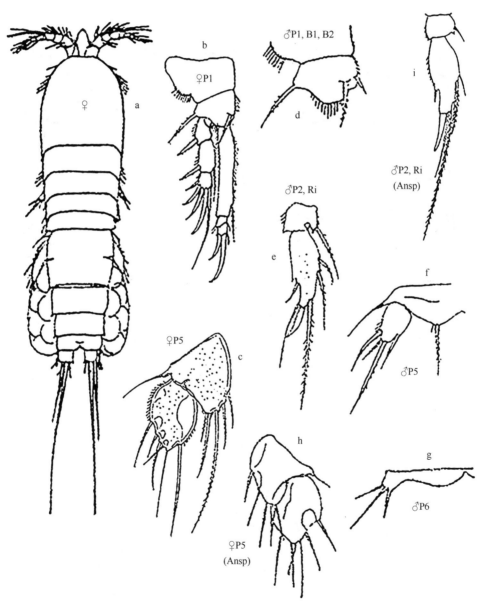

图 52　叶阿娜猛水蚤 *Amonardia phyllopus*

a ～ g 仿自文献 [75]；h、i 仿自文献 [65]

53. 残小疑囊猛水蚤 *Amphiascoides debilis* (Giesbrecht, 1881)（图 53）

[残疑囊猛水蚤 *Amphiascus debilis*: Sars, 1906; 1911; Lang, 1936; 连光山和黄将修, 2008; 陈清潮, 2008. *Amphiascella debilis*: Lang, 1948. *Dactylopus debilis* Giesbrecht, 1881; 1892]

体长：♀ 0.35～0.50mm，♂（暂缺）。

生态习性：底栖性种。

地理分布：台湾海峡南部海域、台湾基隆碧砂渔港、南海；西北太平洋，北大西洋。

参考文献：10，17，19，20，65，66，75，87。

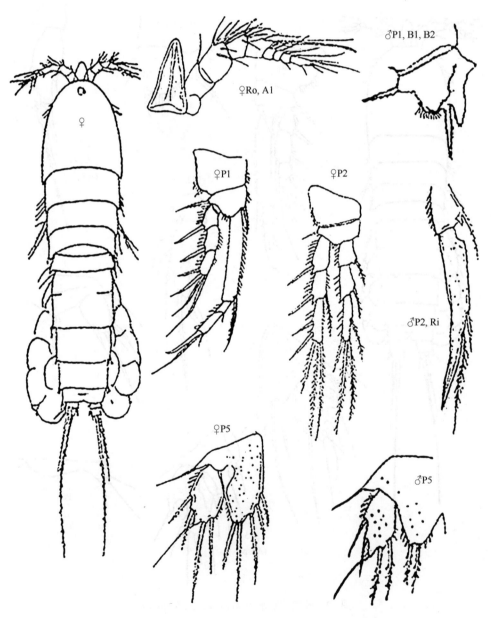

图 53　残小疑囊猛水蚤 *Amphiascoides debilis*（仿自文献 [75]）

54. 略残小疑囊猛水蚤 *Amphiascoides subdebilis* (Willey, 1935)（图 54）

[略残次疑囊猛水蚤 (亚残两栖水蚤) *Amphiascella subdebilis*: Lang, 1948; 张崇洲和李志英, 1976; 连光山和林玉辉, 1994; 2008; 陈清潮, 2008. *Amphiascus subdebilis* Willey, 1935]

体长：♀ 0.31 ～ 0.54mm，♂ 0.36mm。

生态习性：底栖性种。

地理分布：南海西沙群岛海域；西北太平洋，北大西洋。

参考文献：10，17，20，33，65，66，87。

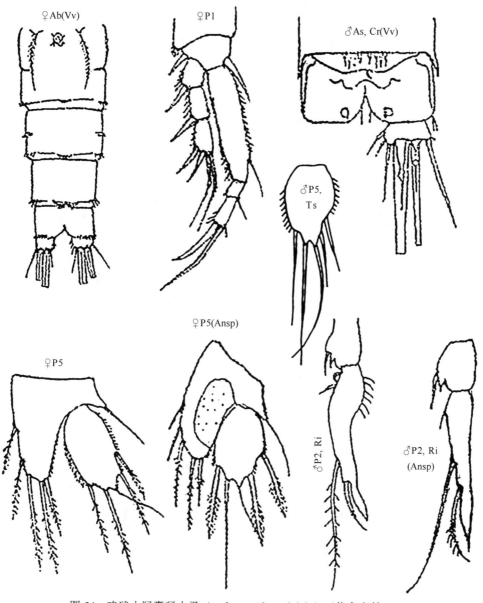

图 54　略残小疑囊猛水蚤 *Amphiascoides subdebilis*（仿自文献 [65]）

55. 锡兰仿疑囊猛水蚤 *Amphiascopsis ceylonicus* (Thompson & A. Scott, 1903)
（图 55）

[*Dactylopusia ceylonica* Thompson & A. Scott, 1903. *Amphiascus ceylonicus*: A. Scott, 1909]

体长： ♀ 1.3mm，♂ 0.96mm。

生态习性： 底栖性种。

地理分布： 南海；马来群岛海域；西北太平洋，印度洋。

参考文献： 20，65，66，77，85。

注： Lang[65] 把锡兰仿疑囊猛水蚤 *Amphiascopsis ceylonicus* (Thompson & A. Scott, 1903)
[*Dactylopusia ceylonica* Thompson & A. Scott, 1903] 和哈氏仿疑囊猛水蚤 *A. havelocki*
(Thompson & A. Scott, 1903) [*Dactylopusia havelocki* Thompson & A. Scott, 1903.
Amphiascus havelocki: A. Scott, 1909] 这两种作为环仿疑囊猛水蚤 *Amphiascopsis cinctus*
(Claus, 1866) 的异名。上述 3 种的形态结构虽然有些相似，但其附肢结构（P1、P2、P5）
有明显差异。本书把上述前两种作为有效种而不作为环仿疑囊猛水蚤的异名。

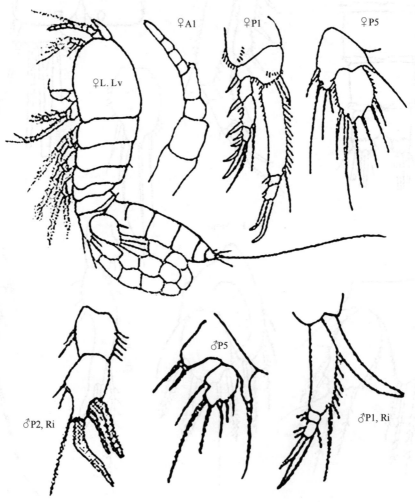

图 55　锡兰仿疑囊猛水蚤 *Amphiascopsis ceylonicus*（仿自文献 [85]）

56. 环仿疑囊猛水蚤 [环疑囊猛水蚤] *Amphiascopsis cinctus* (Claus, 1866)（图 56）

[环疑囊猛水蚤 *Amphiascus cinctus*: Sars, 1911; 陈清潮, 2008; 连光山和黄将修, 2008. *Amphiascus obscurus* Sars, 1906; 1911. *Amphiascopsis obscurus*: Gurney, 1927; Lang, 1948. *Dactylopus cinctus* Claus, 1866]

体长：♀ 0.8 ～ 1.1mm，♂ 0.72 ～ 0.90mm。

生态习性：底栖性种。

地理分布：台湾基隆碧砂渔港、南海；西北太平洋，北大西洋。

参考文献：10，17，19，20，65，66，75，87。

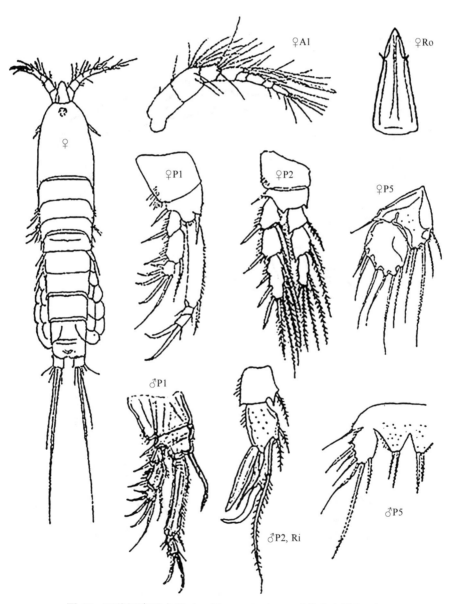

图 56　环仿疑囊猛水蚤 *Amphiascopsis cinctus*（仿自文献 [75]）

57. 哈氏仿疑囊猛水蚤［哈氏小两栖猛水蚤］*Amphiascopsis havelocki* (Thompson & A. Scott, 1903)（图 57）

[*Dactylopusia havelocki* Thompson & A. Scott, 1903. *Amphiascus havelocki*: A. Scott, 1909]

体长：♀ 1.0mm。

生态习性：底栖性种。

地理分布：南海西沙群岛；马来群岛海域；西北太平洋，印度洋。

参考文献：10，20，33，77，85。

注：有关哈氏仿疑囊猛水蚤 *Amphiascopsis havelocki* 是否是环仿疑囊猛水蚤 *A. cinctus* 的异名问题，参见上述 55. 锡兰仿疑囊猛水蚤—*A. ceylonica* 的附"注"（讨论）。

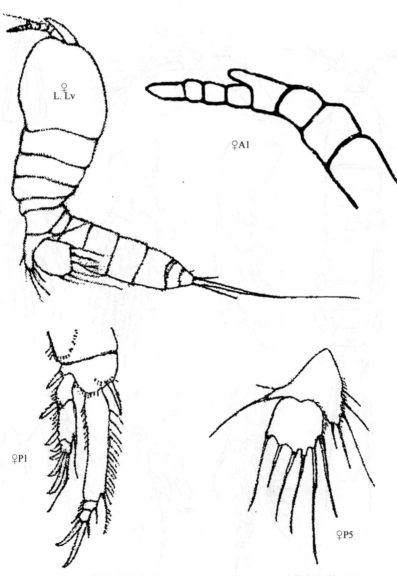

图 57　哈氏仿疑囊猛水蚤 *Amphiascopsis havelocki*（仿自文献 [85]）

58. 卡氏疑囊猛水蚤 *Amphiascus kawamurai* Ueda & Nagai, 2005（图 58）

体长：♀ 0.55 ～ 0.72mm，♂ 0.52 ～ 0.60mm。

生态习性：底栖性种。

地理分布：日本九州沿海；西北太平洋。

参考文献：86，87。

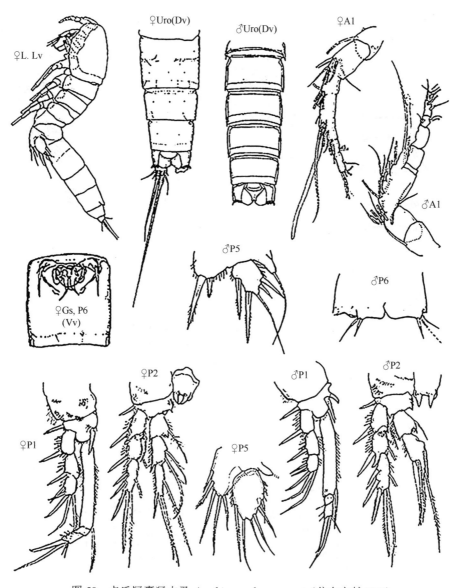

图 58　卡氏疑囊猛水蚤 *Amphiascus kawamurai*（仿自文献 [86]）

59. 细巧疑囊猛水蚤 *Amphiascus tenellus* Sars, 1906（图 59）

体长：♀ 0.48～0.62mm，♂ 0.45mm。

生态习性：底栖性种。

地理分布：台湾海峡南部海域、南海；西北太平洋，北大西洋。

参考文献：20，65，75，87。

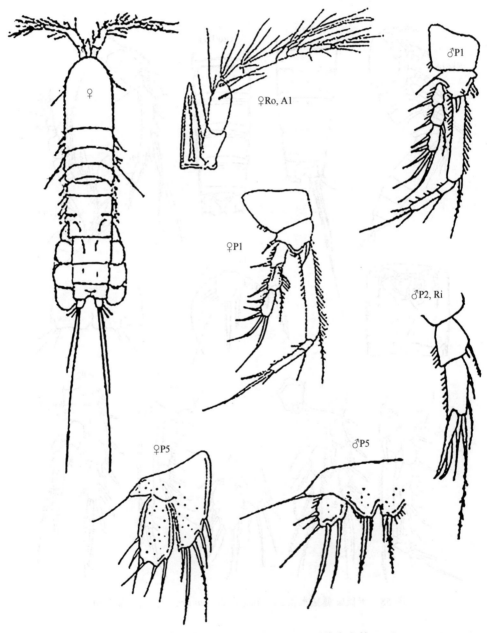

图 59　细巧疑囊猛水蚤 *Amphiascus tenellus*（仿自文献 [75]）

60. 细肢疑囊猛水蚤 *Amphiascus tenuiremis* (Brady & Robertson, 1875)（图 60）

[*Dactylopus tenuiremis* Brady & Robertson, 1875. *Dactylopus longirostris*: Brady, 1900]

体长： ♀ 0.55 ～ 0.65mm，♂ 0.52 ～ 0.63mm。

生态习性： 底栖性种。

地理分布： 台湾海峡南部海域、南海；西北太平洋，北大西洋。

参考文献： 20，65，75，87。

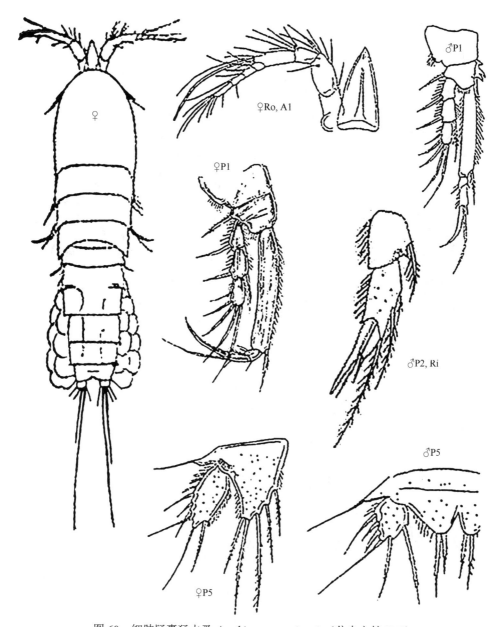

图 60　细肢疑囊猛水蚤 *Amphiascus tenuiremis*（仿自文献 [75]）

61. 羽球疑囊猛水蚤 *Bulbamphiascus plumosus* Mu & Gee, 2000（图 61）

体长：♀0.61～0.86mm，♂0.48～0.76mm。

生态习性：底栖性种。

地理分布：渤海；西北太平洋。

参考文献：20，71，87。

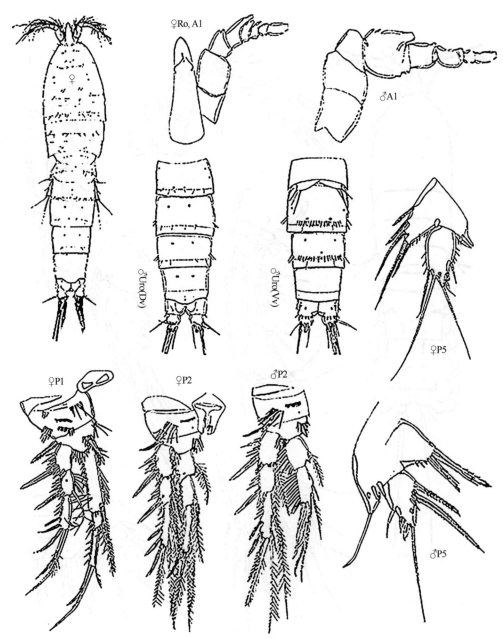

图 61　羽球疑囊猛水蚤 *Bulbamphiascus plumosus*（仿自文献 [71]）

62. 刺球疑囊猛水蚤 *Bulbamphiascus spinulosus* Mu & Gee, 2000（图 62）

体长：♀ 0.67 ～ 0.78mm，♂ 0.45 ～ 0.62mm。

生态习性：底栖性种。

地理分布：渤海；西北太平洋。

参考文献：20，71，87。

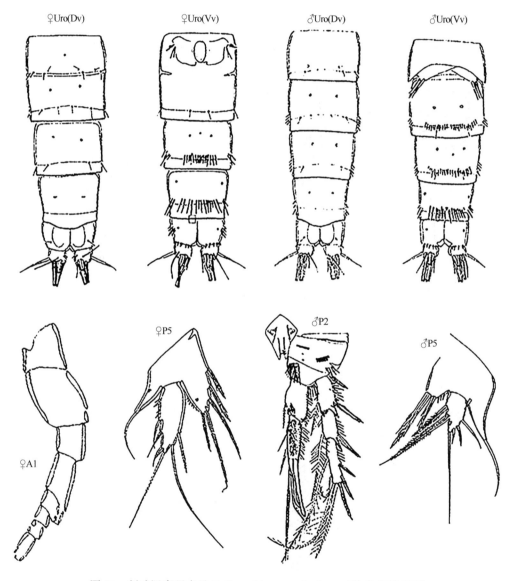

图 62　刺球疑囊猛水蚤 *Bulbamphiascus spinulosus*（仿自文献 [71]）

63. 小齿双囊猛水蚤近似种 *Diosaccus* sp. aff. *dentatus* (Thompson & A. Scott, 1903)（图 63）

体长：♀ 1.05mm。

生态习性：底栖性种。

地理分布：菲律宾南部海域；西北太平洋，印度洋。

参考文献：20，61，65，66，85，87。

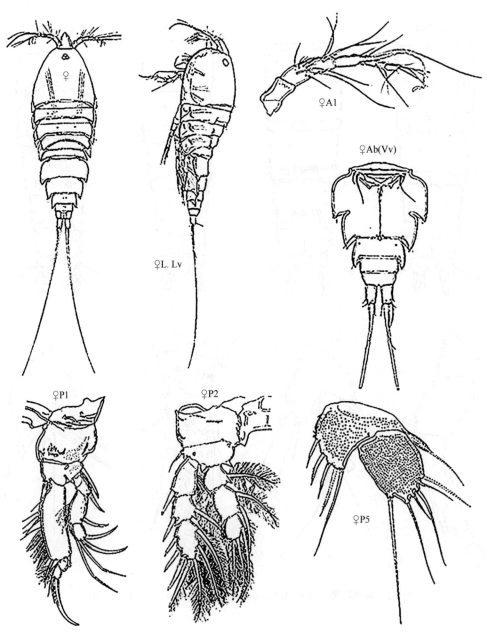

图 63　小齿双囊猛水蚤近似种 *Diosaccus* sp. aff. *dentatus*（仿自文献 [61]）

64. 瘤双囊猛水蚤 *Diosaccus valens* **(Gurney, 1927)**（图 64）

[瘤疑囊猛水蚤 *Amphiascus valens* Gurney, 1927; 连光山和黄将修, 2008; 陈清潮, 2008. *Paradiosaccus valens* (Gurney): Lang, 1948]

体长：♀ 0.6mm。

生态习性：底栖性种。

地理分布：台湾基隆碧砂渔港、南海；西北太平洋，印度洋（红海）。

参考文献：10，17，19，20，45，65，66，87。

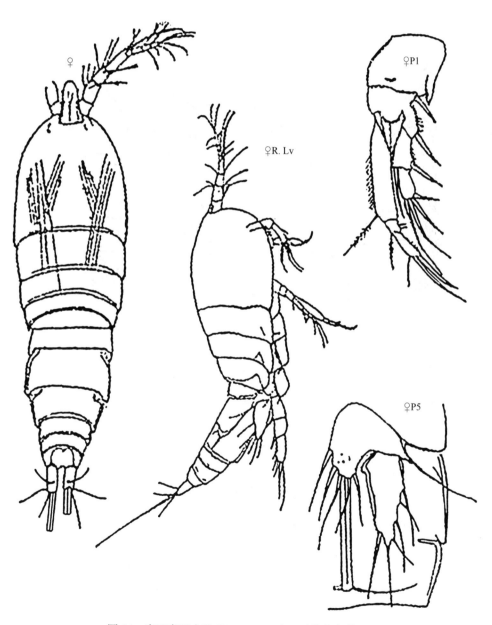

图 64　瘤双囊猛水蚤 *Diosaccus valens*（仿自文献 [45]）

65. 多毛后仿疑囊猛水蚤 [多毛后两栖猛水蚤] *Metamphiascopsis hirsutus* (Thompson & A. Scott, 1903)（图 65）

[*Dactylophusia hirsuta* Thompson & A. Scott, 1903. *Amphiascus hirsutus*: A. Scott, 1909; Sewell, 1940. *Metamphiascopsis hirsutus bermudae* Willey, 1931; 1935]

　　体长：♀ 1.10 ～ 1.27mm，♂ 0.82 ～ 0.90mm。

　　生态习性：底栖性种。

　　地理分布：南海西沙群岛；马来群岛海域；西北太平洋，印度洋（马尔代夫群岛）及北大西洋。

　　参考文献：10，20，33，65，77，79，85，87。

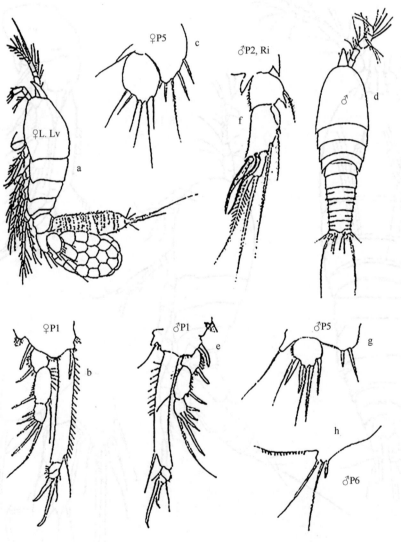

图 65　多毛后仿疑囊猛水蚤 *Metamphiascopsis hirsutus*

a 仿自文献 [65]；b ～ h 仿自文献 [79]

66.郎氏拟小疑囊猛水蚤［奇尾拟双倍猛水蚤］*Paramphiascella langi* (Monard, 1936)（图 66）

[*Amphiascus langi* Monard, 1936]

体长：♀ 0.54 ～ 0.62mm。

生态习性：底栖性咸淡水种。

地理分布：台湾海峡厦门湾、南海；地中海。

参考文献：7，65，87。

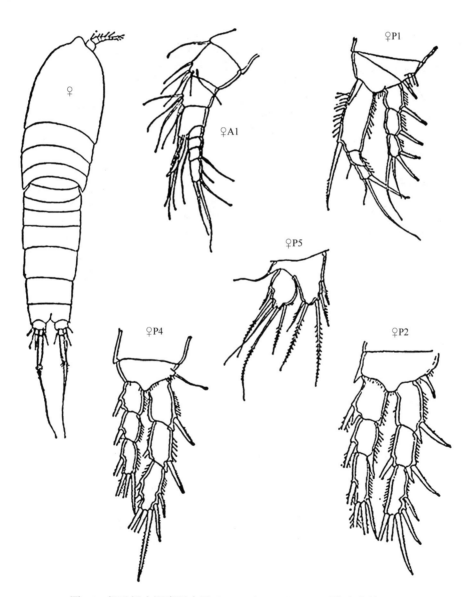

图 66　郎氏拟小疑囊猛水蚤 *Paramphiascella langi*（仿自文献 [7]）

67. 沙拟小疑囊猛水蚤 *Paramphiascella vararensis* (T. Scott, 1903)（图 67）

[近缘疑囊猛水蚤 *Amphiascus affinis* Sars, 1906; 1911; 连光山和林玉辉, 2006. *Amphiascus vararensis*: Lang, 1936]

体长：♀ 0.70 ～ 0.82mm。

生态习性：底栖性种。

地理分布：台湾海峡厦门湾；挪威南部沿海；西北太平洋，北大西洋。

参考文献：16，20，65，75，87。

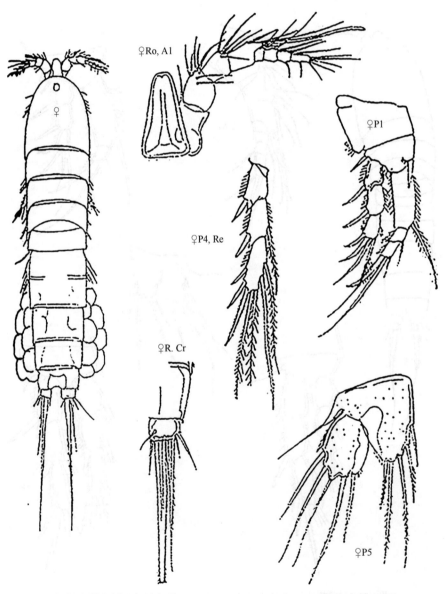

图 67　沙拟小疑囊猛水蚤 *Paramphiascella vararensis*（仿自文献 [75]）

68. 拟罗格尼猛水蚤 *Robertgurneya similis* (A. Scott, 1896)（图 68）

[红疑囊猛水蚤 *Amphiascus erythaeus* Gurney, 1927: 连光山和黄将修, 2008; 陈清潮, 2008. *Stenhelia similis* A. Scott, 1896. *Stenhelia erythraea* A. Scott, 1902]

体长：♀ 0.62 ～ 1.0mm，♂ 0.50 ～ 0.80mm。

生态习性：底栖性种。

地理分布：台湾基隆碧砂渔港、南海；西北太平洋，印度洋（红海）及北大西洋。

参考文献：10，17，19，20，45，65，87。

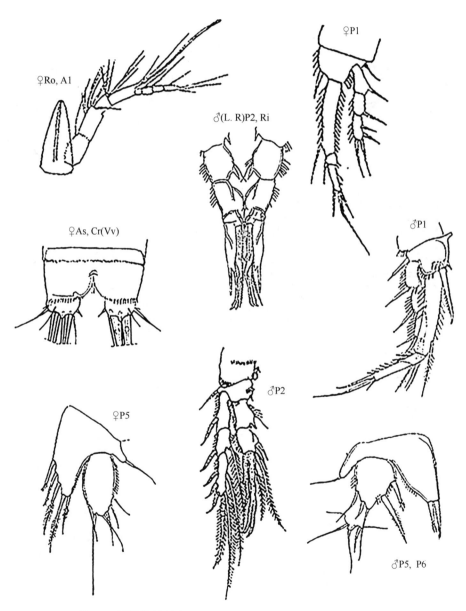

图 68　拟罗格尼猛水蚤 *Robertgurneya similis*（仿自文献 [45]）

69. 刺罗格尼猛水蚤 *Robertgurneya spinulosa* (Sars, 1911)（图 69）

[*Amphiascus spinulosa* Sars, 1911]

　　体长：♀ 0.55mm。
　　生态习性：底栖性种。
　　地理分布：台湾海峡闽江口海域；西北太平洋，北大西洋。
　　参考文献：20，65，66，75，87。

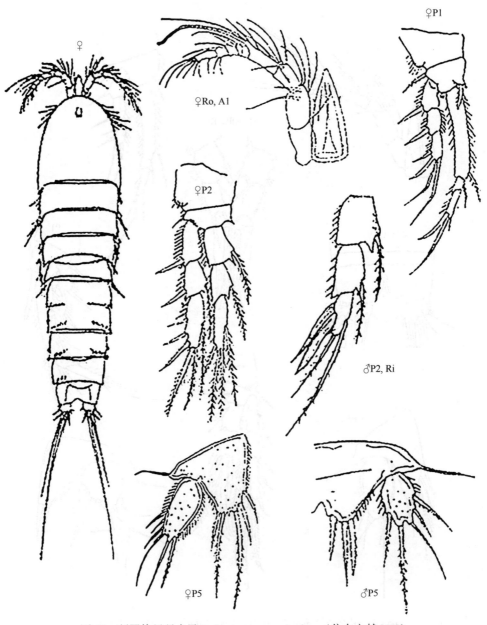

图 69　刺罗格尼猛水蚤 *Robertgurneya spinulosa*（仿自文献 [75]）

70. 隐秘裂囊猛水蚤 *Schizopera clandestine* (Klie, 1924)（图 70）

[*Amphiascus clandestine* Klie, 1924. *A. longicaudus*: Monard, 1928. *Schizopera longicauda*: Gagern, 1924.
   S. compacta: Schafer, 1936]

体长：♀ 0.50 ～ 0.58mm，♂ 0.40mm。

生态习性：底栖性咸淡水种。

地理分布：南海北部广东珠江口；地中海。

参考文献：7，65，66，87。

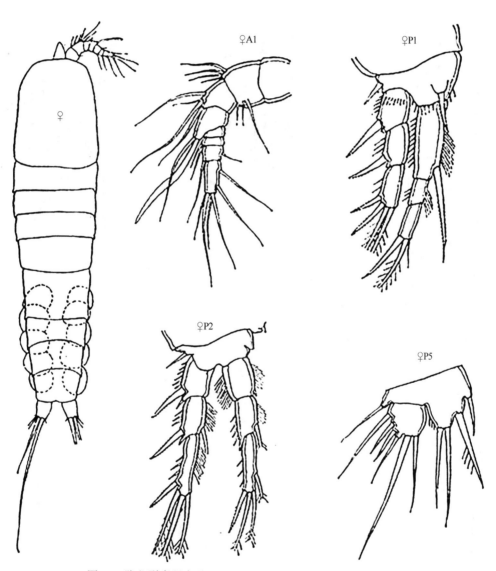

图 70　隐秘裂囊猛水蚤 *Schizopera clandestine*（仿自文献 [7]）

71. 可略裂囊猛水蚤 *Schizopera neglecta* Akatova, 1935（图 71）

体长：♀ 0.57 ～ 0.68mm。

生态习性：底栖性咸淡水种。

地理分布：渤海、台湾海峡厦门湾；俄罗斯沿海。

参考文献：7，65，66，87。

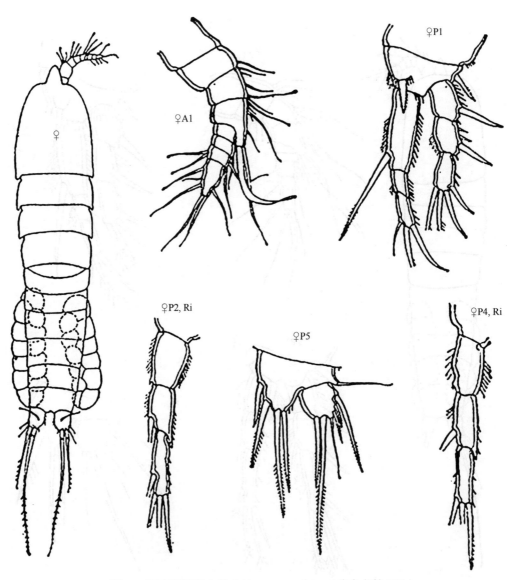

图 71　可略裂囊猛水蚤 *Schizopera neglecta*（仿自文献 [7]）

72. 优势残疑囊猛水蚤 *Sinamphiascus dominatus* Mu & Gee, 2000（图 72）

体长：♀ 0.37 ～ 0.54mm，♂ 0.27 ～ 0.36mm。

生态习性：底栖性种。

地理分布：渤海；西北太平洋。

参考文献：20，71，87。

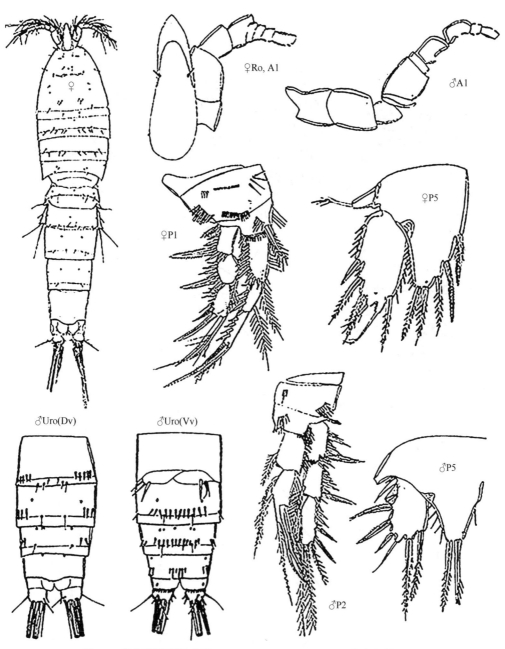

图 72　优势残疑囊猛水蚤 *Sinamphiascus dominatus*（仿自文献 [71]）

73. 长尾狭腹猛水蚤 *Stenhelia longicaudata* Boeck, 1872（图 73）

[*Delavalia reflexa*: Brady, 1880 (部分). *D. robusta*: Brady, 1880; Thompson, 1887. *D. minutissima* T. Scott, 1903. *D. longicaudata*: Wells, 2007]

体长：♀ 0.48～0.85mm，♂ 0.42～0.65mm。

生态习性：底栖性种。

地理分布：台湾海峡南部海域；西北太平洋，北大西洋。

参考文献：20，65，75，87。

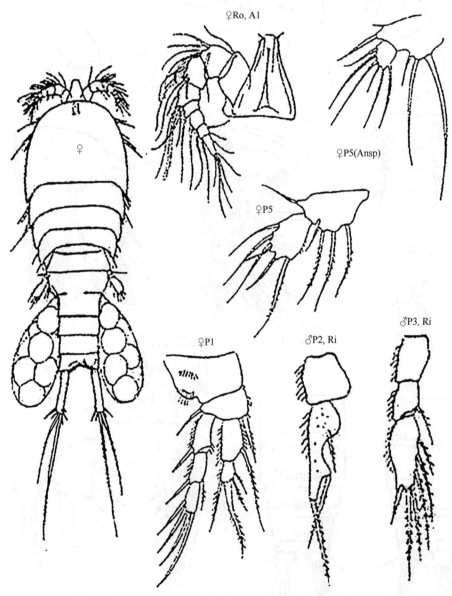

图 73　长尾狭腹猛水蚤 *Stenhelia longicaudata*（仿自文献 [75]）

74. 诺氏狭腹猛水蚤 *Stenhelia normani* (T. Scott, 1905)（图 74）

[*Delavalia normani* T. Scott, 1905; Wells, 2007]

体长：♀ 0.35 ～ 0.53mm。

生态习性：底栖性种。

地理分布：台湾基隆碧砂渔港、南海；西北太平洋，印度洋（红海）及北大西洋。

参考文献：10，17，19，20，65，75，87。

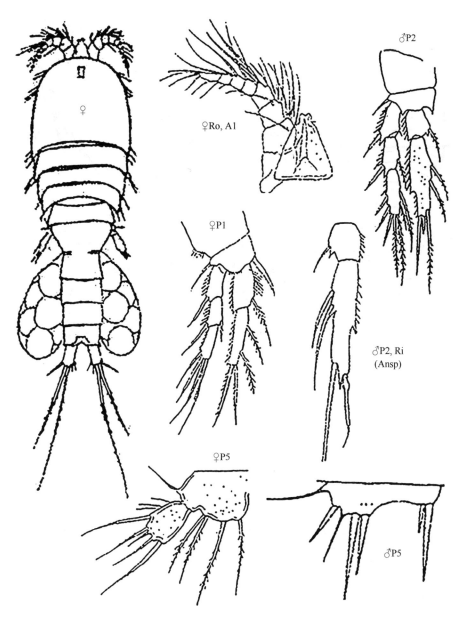

图 74　诺氏狭腹猛水蚤 *Stenhelia normani*（仿自文献 [75]）

75. 沈氏狭腹猛水蚤 *Stenhelia sheni* Mu & Huys, 2002（图 75）

体长: ♀ 0.65 ～ 0.83mm，♂ 0.55 ～ 0.70mm。

生态习性: 底栖性种。

地理分布: 渤海；西北太平洋。

参考文献: 20，72，87。

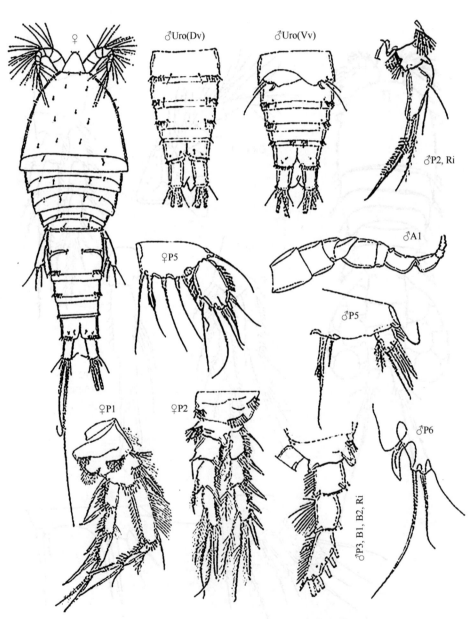

图 75　沈氏狭腹猛水蚤 *Stenhelia sheni*（仿自文献 [72]）

76. 戴氏狭腹猛水蚤［泰狭腹猛水蚤］*Stenhelia taiae* Mu & Huys, 2002（图 76）

体长：♀ 0.56 ～ 0.66mm，♂ 0.53 ～ 0.62mm。

生态习性：底栖性种。

地理分布：渤海；西北太平洋。

参考文献：20，72，87。

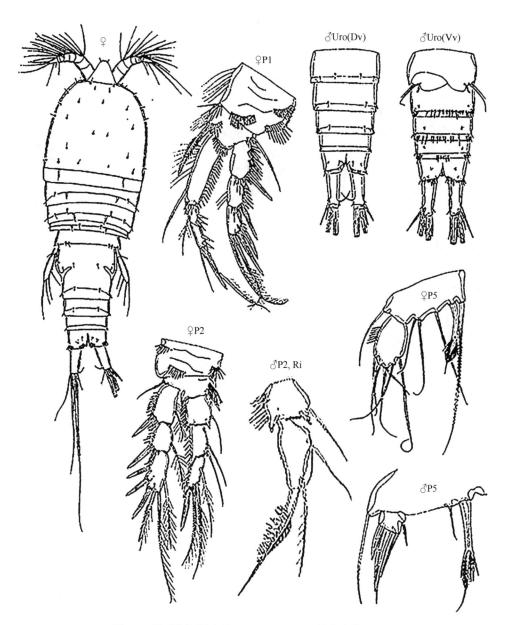

图 76　戴氏狭腹猛水蚤 *Stenhelia taiae*（仿自文献 [72]）

77. 短角盲疑囊猛水蚤 *Typhlamphiascus brevicornis* (Thompson & A. Scott, 1903)（图 77）

[*Stenhelia brevicornis* Thompson & A. Scott, 1903. *Amphiascus brevicornis*: Monard, 1928]

体长：♀ 0.90mm。

生态习性：底栖性种。

地理分布：台湾海峡（闽江口、厦门湾）；西北太平洋，印度洋。

参考文献：20，65，85，87。

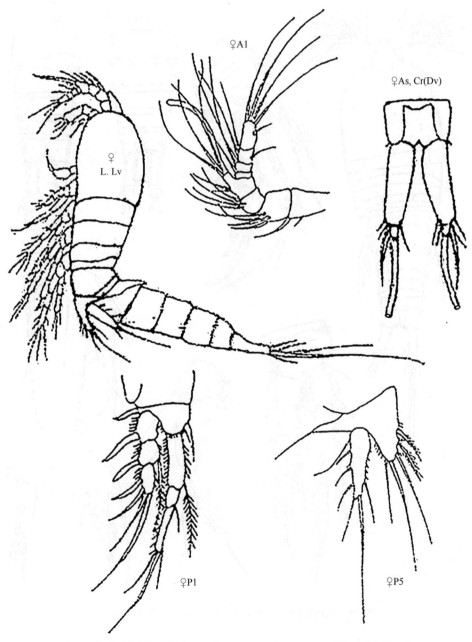

图 77　短角盲疑囊猛水蚤 *Typhlamphiascus brevicornis*（仿自文献 [85]）

78. 典型盲疑囊猛水蚤 *Typhlamphiascus typhlops* (Sars, 1906)（图 78）

[*Amphiascus typhlops* Sars, 1906; 1911; Monard, 1928]

体长： ♀ 0.73 ～ 0.95mm，♂ 0.70 ～ 0.80mm。

生态习性： 底栖性种。

地理分布： 台湾海峡（闽江口）；西北太平洋，北大西洋（挪威沿海）。

参考文献： 20，65，75，87。

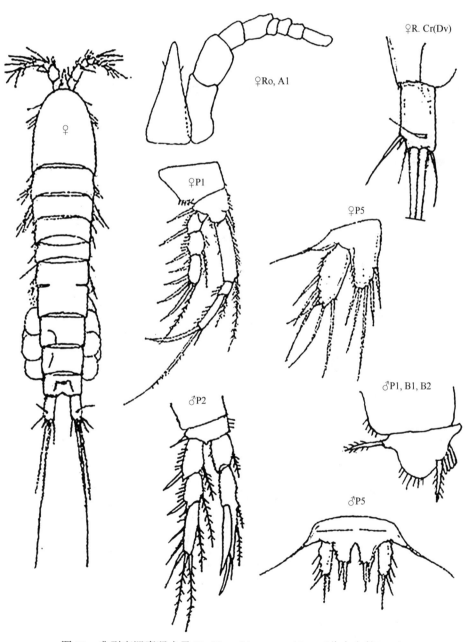

图 78　典型盲疑囊猛水蚤 *Typhlamphiascus typhlops*（仿自文献 [75]）

十四、长猛水蚤科［同相猛水蚤科］
Family Ectinosomatidae [Ectinosomidae] Sars, 1903

　　本科含 20 属 [36,87]，大多数为浅海水域底栖性种，少数为海洋浮游性种、深海底栖性种及淡水种、咸淡水种。中国海及其邻近海域仅记录 4 属 6 种。

属名	种数	页码
1. 长猛水蚤属 *Ectinosoma* Boeck, 1865	1	98
2. 海滨猛水蚤属 *Halectinosoma* Lang, 1944	2	99
3. 小毛猛水蚤属 *Microsetella* Brady & Robertson, 1873	2	101
4. 伪布拉迪猛水蚤属 *Pseudobradya* Sars, 1904	1	103

79. 诺氏长猛水蚤 *Ectinosoma normani* Thompson & A. Scott, 1896（图 79）

体长：♀ 0.45～0.55mm。

生态习性：底栖性种。

地理分布：台湾海峡北部海域；西北太平洋，印度洋，大西洋。

参考文献：20，65，66，75，87。

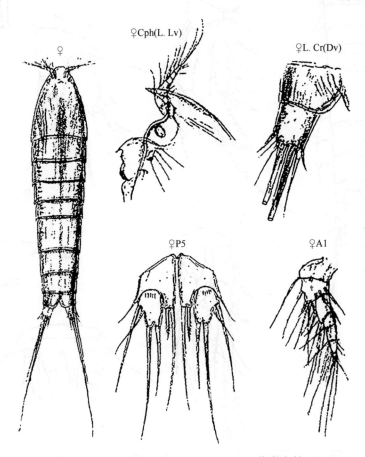

图 79　诺氏长猛水蚤 *Ectinosoma normani*（仿自文献 [75]）

80. 沙栖海滨猛水蚤 *Halectinosoma arenicola* (Rouch, 1962)（图 80）

[*Ectinosoma (Halectinosoma) arenicola* Rouch, 1962]

体长：♀ 0.55mm。

生态习性：底栖性种。

地理分布：日本九州西部沿海；西北太平洋。

参考文献：53，66，87。

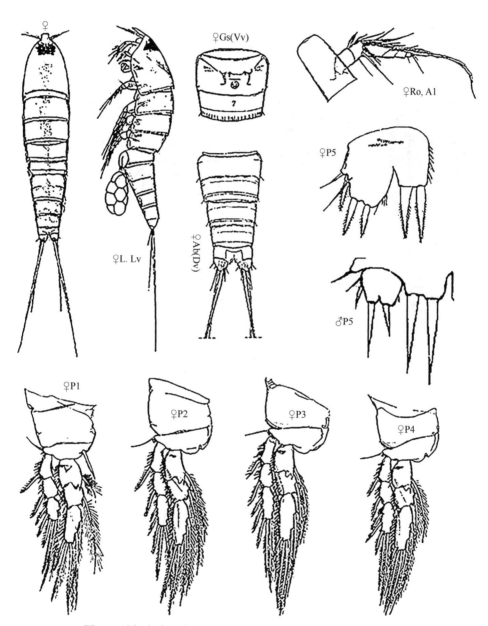

图 80　沙栖海滨猛水蚤 *Halectinosoma arenicola*（仿自文献 [53]）

81. 粗海滨猛水蚤 *Halectinosoma gothiceps* (Giesbrecht, 1881)（图 81）

[*Ectinosoma gothiceps* Giesbrecht, 1881, 1882; Sars, 1911. *Ectinosoma* (*Halectinosoma*) *gothiceps*
　　Giesbrecht: Lang, 1948]

　　体长：♀ 0.33 ~ 0.47mm。

　　生态习性：底栖性种。

　　地理分布：台湾海峡南部海域及闽江口、厦门湾；西北太平洋，北大西洋（挪威沿海）。

　　参考文献：20，65，66，75，87。

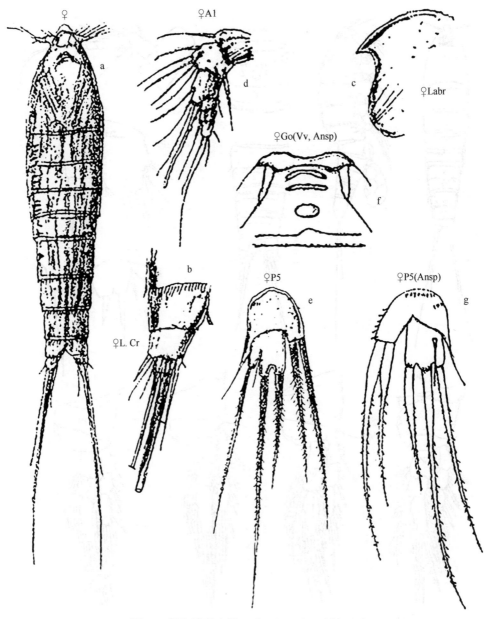

图 81　粗海滨猛水蚤 *Halectinosoma gothiceps*

a ~ e 仿自文献 [75]；f、g 仿自文献 [65]

82. 挪威小毛猛水蚤 [小毛猛水蚤，挪威小星猛水蚤] *Microsetella norvegica* (Boeck, 1864)（图 82）

[*Setella norvegica* Boeck, 1864. *Ectinosoma atlanticum* Brady, 1880; 1883; Thompson & A. Scott, 1903. *E. norvegica*: T. Scott, 1912. *E. longisetosus*: Monard, 1935. *Microsetella atlantica* Brady & Robertson, 1873; Giesbrecht, 1892; Brady, 1918; Mori, 1929. *Canthocamptus longisetosus* Dana, 1902; Chappuis, 1924]

体长： ♀ 0.35 ～ 0.70mm，♂ 0.33 ～ 0.66mm。

生态习性： 海洋浮游性广布种。

地理分布： 渤海至南海；太平洋，印度洋，大西洋，南冰洋及北冰洋。

参考文献： 8，10，14，15，16，17，19，20，21，23，26，29，40，44，65，69，74，77，84，85，91。

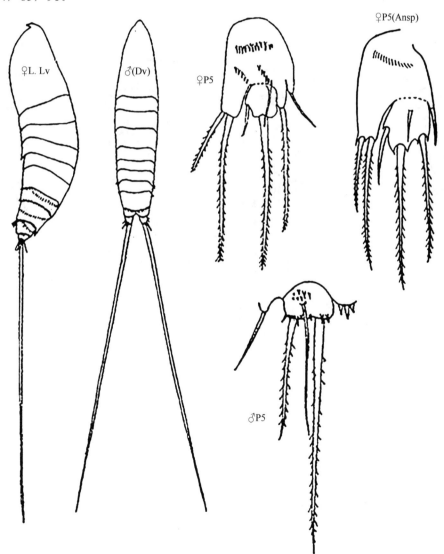

图 82　挪威小毛猛水蚤 *Microsetella norvegica*

♀ P5(Ansp) 仿自文献 [23]，其余仿自文献 [8]

83. 红小毛猛水蚤 *Microsetella rosea* (Dana, 1848)（图 83）

[*Harpacticus roseus* Dana, 1848. *Canthocamptus roseus*: Dama, 1852. *Ectinosoma roseum*: Thompson & A.
　Scott, 1903]

　　体长：♀ 0.36 ~ 1.30mm，♂ 0.37 ~ 0.70mm。

　　生态习性：海洋浮游性广布种。

　　地理分布：渤海至南海；太平洋，印度洋，大西洋及南冰洋。

　　参考文献：8，10，14，15，16，17，19，20，21，26，29，40，44，65，70，74，85，
91。

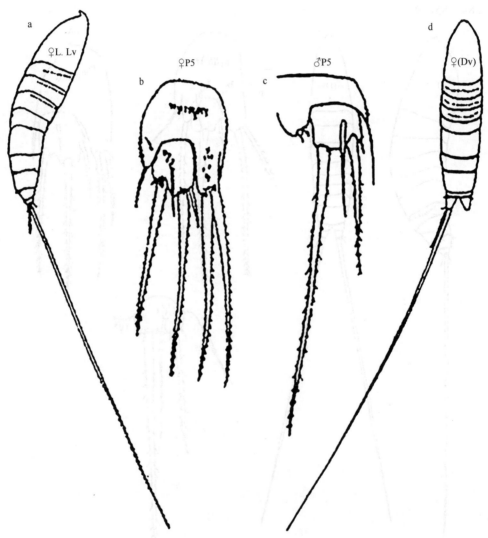

图 83　红小毛猛水蚤 *Microsetella rosea*

a、b 仿自文献 [8]；c、d 仿自文献 [40]

84. 小伪布拉迪猛水蚤 *Pseudobradya minor* (Thompson & A. Scott, 1894)（图 84）

[*Bradya minor* Thompson & A. Scott, 1894; Brady, 1905. *Ectinosoma minor*: Klie, 1927; Pesta, 1932]

体长：♀ 0.54mm。

生态习性：底栖性种。

地理分布：南海北部粤东沿海（新记录种）；西北太平洋，北大西洋。

参考文献：22，65，66，75。

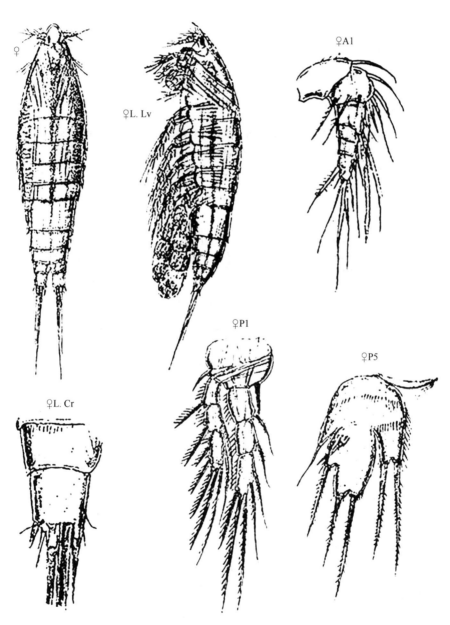

图 84　小伪布拉迪猛水蚤 *Pseudobradya minor*（仿自文献 [75]）

十五、谐猛水蚤科 Family Euterpinidae Brian, 1921

本科仅有 1 属（1 种）——谐猛水蚤属 *Euterpina* Norman, 1903 [真猛水蚤属 *Euterpe* Claus, 1863][8,24,69,70]，中国海也有记录，但它隶属的科级有变化。Rose[74]、Lang[65]、郑重等[24]、陈清潮等[8] 及 Wells[87] 等将谐猛水蚤属 *Euterpina*[*Euterpe*] 置于大吉猛水蚤科 Tachidiidae 中，但根据谐猛水蚤属（种）特异的形态特征，Brian[92] 认为，把本属提升为独立的科（Euterpinidae）更为恰当。故 Chihara 和 Murano[40]、Boxshall 和 Halsey[36]、陈清潮[10]、连光山等 [20] 及本书也采用 Brain[92] 所确立的分类阶元。

属名	种数	页码
谐猛水蚤属 *Euterpina* Norman, 1903	1	104

[真猛水蚤属 *Euterpe* Claus, 1863; 郑重等, 1965; 陈清潮等, 1974]

85. 尖额谐猛水蚤 *Euterpina acutifrons* (Dana, 1848)（图 85）

[*Harpacticus acutifrons* Dana, 1848; 1852. *Euterpe acutifrons*: Giesbrecht, 1891; 1892; Esterly, 1905; Farran, 1929; 1936; Mori, 1929; 1937; 郑重等, 1965; 陈清潮等, 1974. *E. gracilis* Claus, 1863; Thompson, 1890; Brady, 1880; 1915]

体长：♀ 0.50 ～ 0.76mm，♂ 0.50 ～ 0.70mm。

生态习性：海洋浮游性广布种。

地理分布：黄海至南海；太平洋，印度洋及大西洋。

参考文献：8，10，17，19，20，21，23，36，40，44，65，70，74。

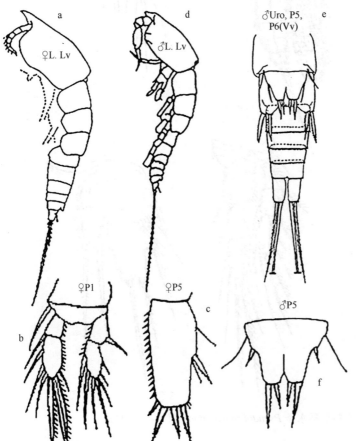

图 85　尖额谐猛水蚤
Euterpina acutifrons
a 仿自文献 [8]；b、c 仿自文献 [23]；
d ～ f 仿自文献 [44]

十六、猛水蚤科 Family Harpacticidae Dana, 1846

[Ismardiidae Leigh-Sharpe, 1936: Wells, 2007]

本科含 12 属 [36,87]，中国海及其邻近海域记录 6 属 11 种。

属名	种数	页码
1. 小猛水蚤属 *Harpacticella* Sars, 1908	1	105
2. 猛水蚤属 *Harpacticus* Milne-Edwards, 1840	5	106
[*Ismardis* Leigh-Sharpe, 1936: Wells, 2007]		
3. 潜猛水蚤属 *Perissocope* Brady, 1910	1	111
4. 虎斑猛水蚤属 *Tigriopus* Norman, 1868	2	112
5. 宙斯猛水蚤属 *Zaus* Goodsir, 1845	1	114
6. 仿宙斯猛水蚤属 *Zausodes* Wilson, 1932	1	115

86. 大洋小猛水蚤 *Harpacticella oceanica* Itô, 1977（图 86）

体长：♀ 0.62mm，♂ 0.56mm。

生态习性：底栖性种。

地理分布：日本东南部海域；西北太平洋。

参考文献：56，87。

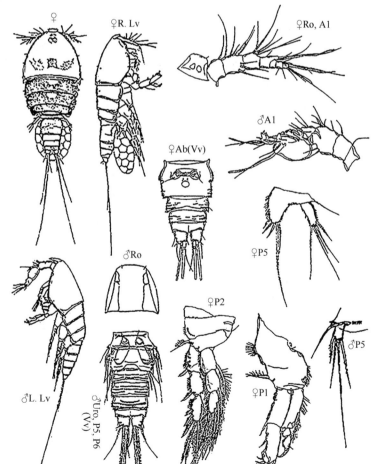

图 86　大洋小猛水蚤
Harpacticella oceanica
（仿自文献 [56]）

87. 克氏猛水蚤 *Harpacticus clausi* A. Scott, 1909（图 87）

体长：♀ 0.67mm。

生态习性：底栖性种。

地理分布：南海；马来群岛海域，西北太平洋。

参考文献：20，65，77，87。

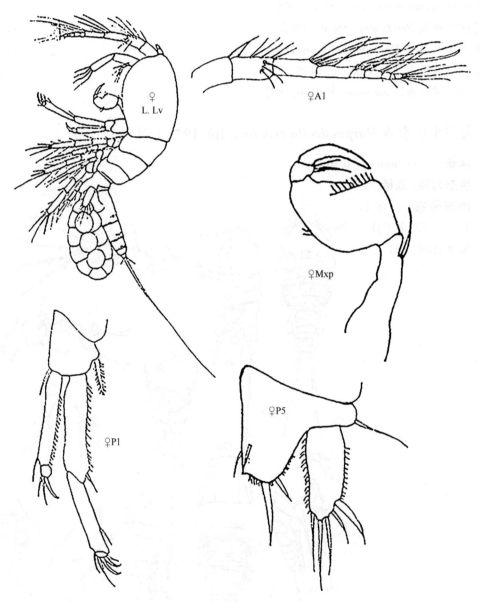

图 87　克氏猛水蚤 *Harpacticus clausi*（仿自文献 [77]）

88. 光滑猛水蚤 *Harpacticus glaber* **Brady, 1899**（图 88）

体长：♀ 0.56mm。

生态习性：底栖性种。

地理分布：南海；马来群岛海域，新西兰海域；西北太平洋。

参考文献：20，65，77，87。

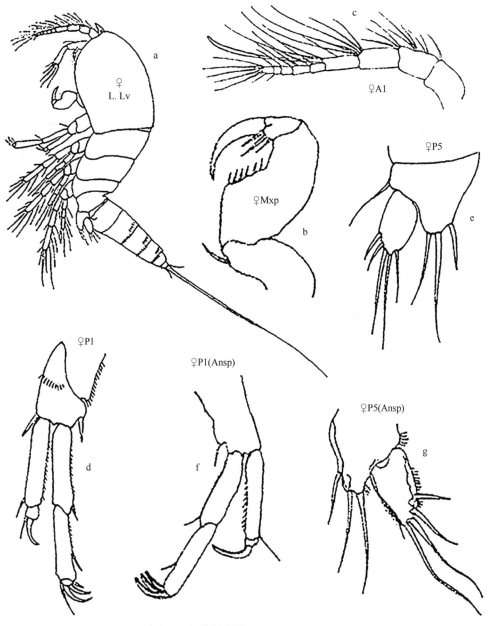

图 88　光滑猛水蚤 *Harpacticus glaber*

a～e 仿自文献 [77]；f、g 仿自文献 [65]

89. 瘦猛水蚤 *Harpacticus gracilis* Claus, 1863（图 89）

[*Harpacticus chelifer*: Giesbrecht, 1881; 1882. *H. elongatus*: Boeck, 1864. *H. fucicolus* T. Scott, 1912]

体长：♀ 0.60 ～ 0.95mm，♂ 0.54mm。

生态习性：底栖性种。

地理分布：台湾基隆碧砂渔港、南海；太平洋，印度洋，北大西洋，地中海，黑海。

参考文献：10，17，19，20，45，65，75。

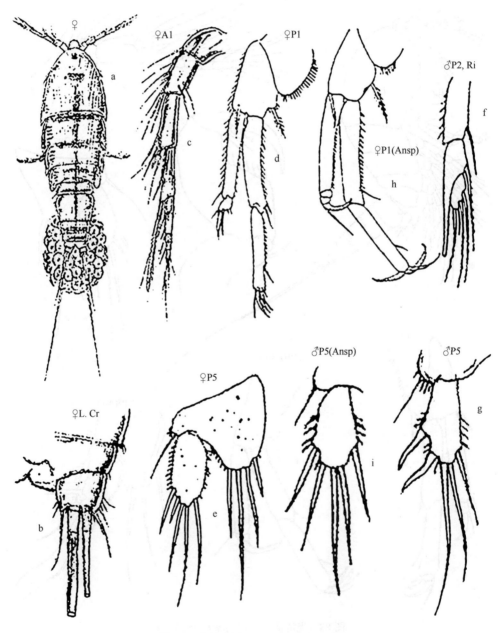

图 89　瘦猛水蚤 *Harpacticus gracilis*

a ～ g 仿自文献 [75]；h、i 仿自文献 [65]

90. 日本猛水蚤 *Harpacticus nipponicus* Itô, 1976（图 90）

体长：♀ 0.90 ～ 1.02mm，♂ 0.66 ～ 0.93mm。

生态习性：底栖性种。

地理分布：台湾基隆碧砂渔港、东海、南海；日本沿海，西北太平洋。

参考文献：10，17，19，20，55。

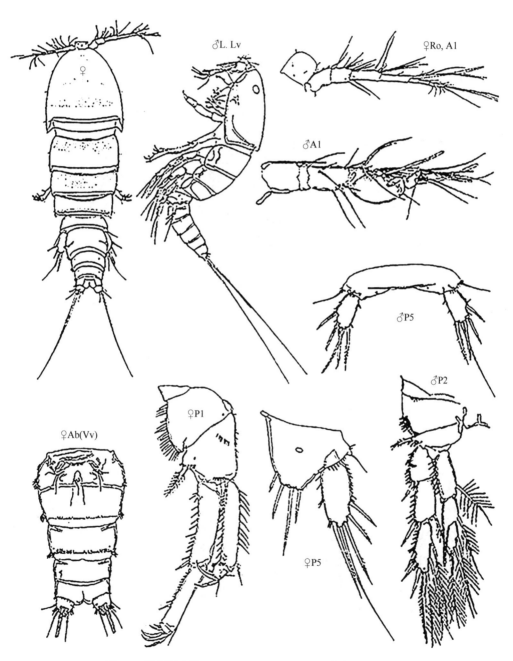

图 90　日本猛水蚤 *Harpacticus nipponicus*（仿自文献 [55]）

91. 大尾猛水蚤 *Harpacticus uniremis* Kröyer, 1842（图 91）

[*Harpacticus nordlandica* Boeck, 1872; Sars, 1911. *Laophonte nordlandica* Boeck, 1872; Lang, 1948.
　Harpacticus chelifer var. *arcticus* Poppe, 1884; T. Scott, 1898; 1903]

体长: ♀ 1.23 ～ 1.50mm，♂ 0.8 ～ 1.35mm。

生态习性: 底栖性种。

地理分布: 渤海、黄海、东海、厦门湾；西北太平洋，北大西洋。

参考文献: 5，10，16，17，20，35，65，75，87。

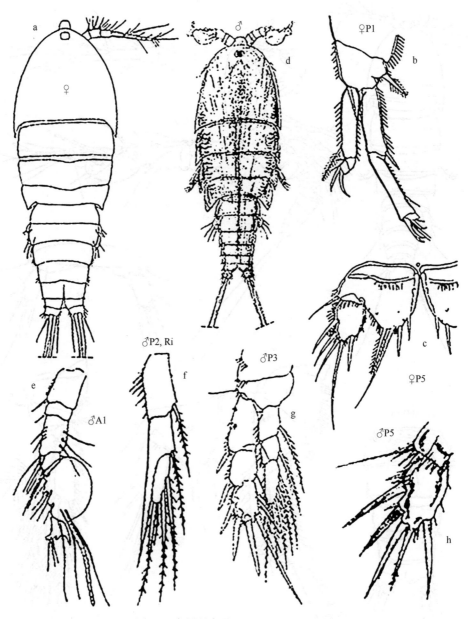

图 91　大尾猛水蚤 *Harpacticus uniremis*

a ～ c 仿自文献 [5]；d ～ h 仿自文献 [75]

92. 脊状潜猛水蚤 *Perissocope cristatus* **(A. Scott, 1909)**（图 92）

[脊猛水蚤 *Harpacticus cristatus* A. Scott, 1989; 连光山等, 2012]

体长：♀ 0.49mm。

生态习性：底栖性种。

地理分布：南海；马来群岛海域；西北太平洋。

参考文献：20，65，77，87。

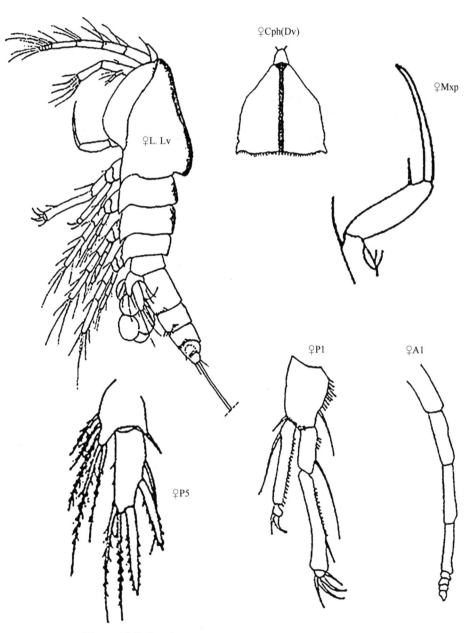

图 92　脊状潜猛水蚤 *Perissocope cristatus*（仿自文献 [77]）

93. 伊氏虎斑猛水蚤 *Tigriopus igai* Itô, 1977（图 93）

体长: ♀ 0.75mm，♂ 0.53mm。

生态习性: 底栖性种。

地理分布: 日本东南部海域；西北太平洋。

参考文献: 56，87。

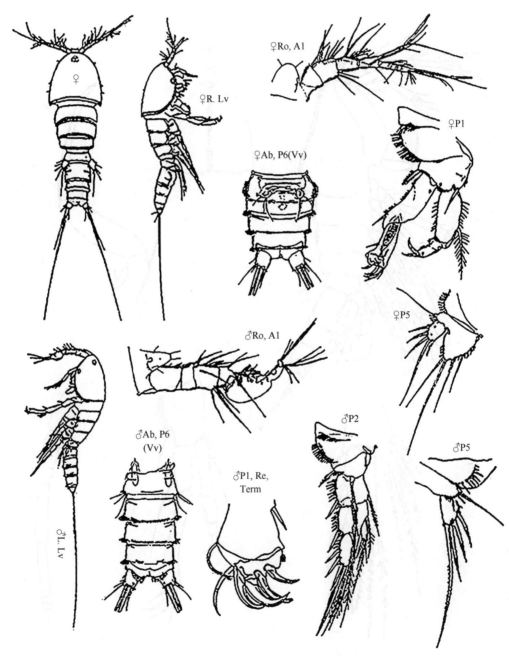

图 93　伊氏虎斑猛水蚤 *Tigriopus igai*（仿自文献 [56]）

94. 日本虎斑猛水蚤 *Tigriopus japonicus* Mori, 1938（图 94）

体长：♀ 0.90 ～ 1.20mm，♂ 0.89 ～ 0.93mm。

生态习性：底栖性种。

地理分布：东海舟山群岛海域、台湾海峡厦门湾；日本沿海；西北太平洋。

参考文献：20，32，40，51。

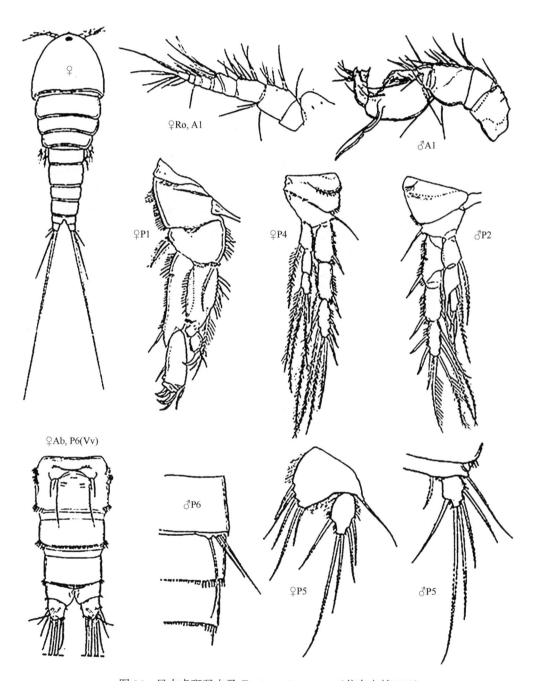

图 94　日本虎斑猛水蚤 *Tigriopus japonicus*（仿自文献 [51]）

95. 粗宙斯猛水蚤 *Zaus robustus* Itô, 1974（图 95）

体长：F1：♀ 0.81 ～ 0.85mm，♂ 0.56 ～ 0.60mm；F2：♀ 0.69 ～ 0.72mm，♂ 0.50 ～ 0.51mm。

生态习性：底栖性种。

地理分布：东海、台湾基隆碧砂渔港；日本北海道沿海；西北太平洋。

参考文献：10，17，19，20，54，59，87。

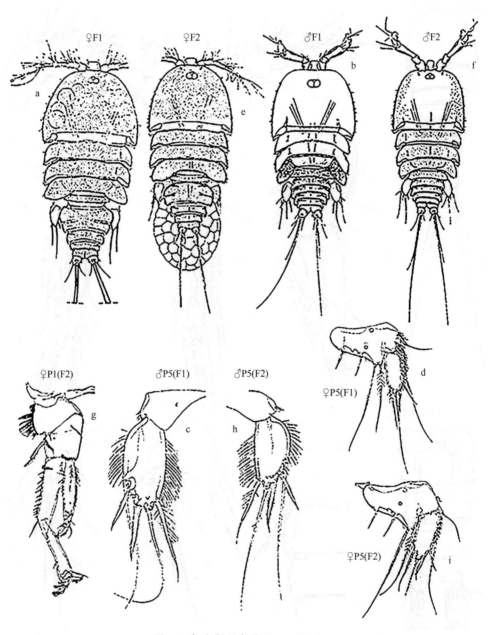

图 95　粗宙斯猛水蚤 *Zaus robustus*

a ～ d 仿自文献 [59]；e ～ i 仿自文献 [54]

96. 双节仿宙斯猛水蚤 *Zausodes biarticulatus* Itô, 1979（图 96）

[*Archizausodes biarticulatus* (Itô, 1979): Wells, 2007]

体长：♀ 0.32mm，♂ 0.30mm。

生态习性：底栖性种。

地理分布：日本东南部海域；西北太平洋。

参考文献：57，87。

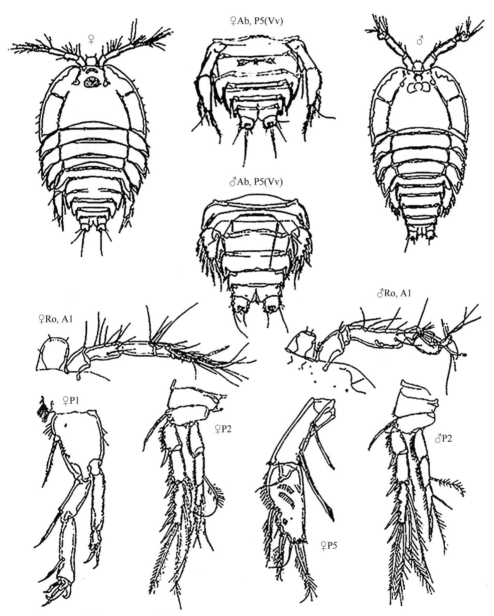

图 96　双节仿宙斯猛水蚤 *Zausodes biarticulatus*（仿自文献 [57]）

十七、猎手猛水蚤科 Family Huntemanniidae Por, 1986

本科含 7 属 [36,87]，中国海仅记录 2 属 3 种。

属名	种数	页码
1. 猎手猛水蚤属 *Huntemannia* Poppe, 1884	2	116
2. 矮胖猛水蚤属 *Nannopus* Brady, 1880	1	118

97. 双节猎手猛水蚤 *Huntemannia biarticulata* Shen & Tai, 1973（图 97）

体长：♀ 0.75mm，♂ 0.70mm。

生态习性：底栖性咸淡水种。

地理分布：台湾海峡、泉州湾、厦门湾；西北太平洋。

参考文献：7，16，20，34，36，87。

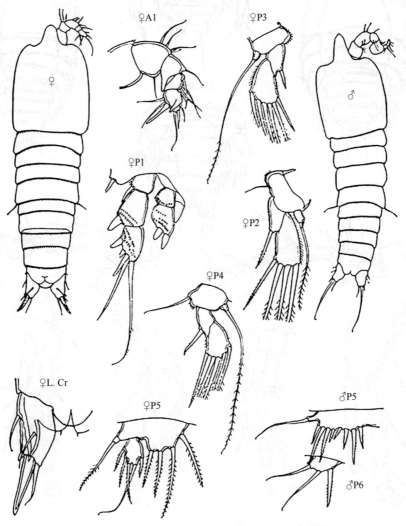

图 97　双节猎手猛水蚤 *Huntemannia biarticulata*（仿自文献 [7]）

98. 杜氏猎手猛水蚤 *Huntemannia doheoni* Song, Hyun & Won, 2007（图 98）

体长：♀ 0.58 ～ 0.76mm，♂ 0.64 ～ 1.17mm。

生态习性：底栖性种。

地理分布：黄海东部至韩国沿海；西北太平洋。

参考文献：20，83。

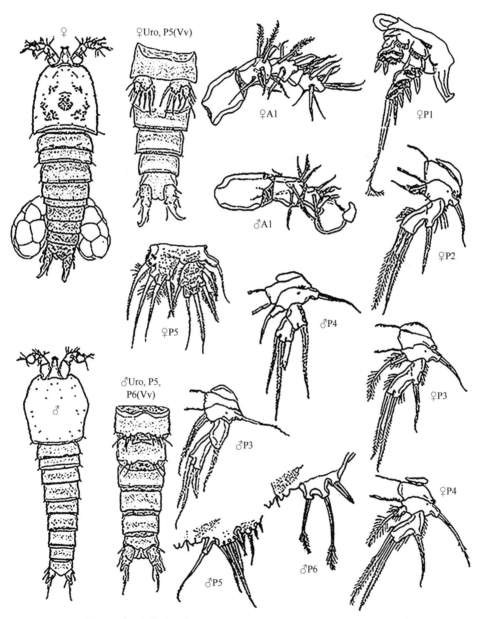

图 98　杜氏猎手猛水蚤 *Huntemannia doheoni*（仿自文献 [83]）

99. 透明矮胖猛水蚤 *Nannopus palustris* Brady, 1880（图 99）

[*Nannopus littoralis* Willey, 1923]

　　体长：♀ 0.55 ~ 0.70mm，♂ 0.55 ~ 0.65mm。

　　生态习性：底栖性种。

　　地理分布：渤海、台湾海峡、泉州湾、南海北部沿海（海南岛及广东沿海）；太平洋，北大西洋。

　　参考文献：7，36，65，87。

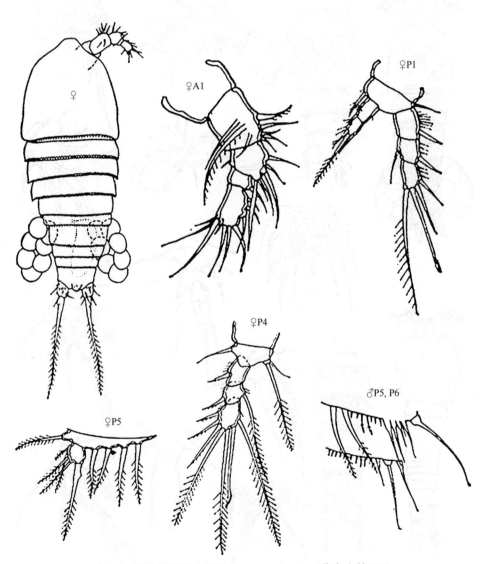

图 99　　透明矮胖猛水蚤 *Nannopus palustris*（仿自文献 [7]）

十八、老丰猛水蚤科 Family Laophontidae T. Scott, 1905

本科包含的属、种相当复杂多样，大约有 63 属（280 多种）[36,87]。中国海及其邻近海域仅记录 7 属 12 种。

100. 多毛扁猛水蚤 *Applanola hirsuta* (Thompson & A. Scott, 1903)（图 100）

[多毛内猛水蚤 *Esola hirsuta* (Thompson & A. Scott, 1903): Lang, 1948; 连光山等, 2012. 多毛老丰猛水蚤
Laophonte hirsuta Thompson & A. Scott, 1903; A. Scott, 1909; Gurney, 1927]

体长：♀ 0.50mm，♂ 0.56mm。

生态习性：底栖性种。

地理分布：南海；马来
群岛海域；西北太平洋，印
度洋，大西洋。

参考文献：20，45，65，
77，85，87。

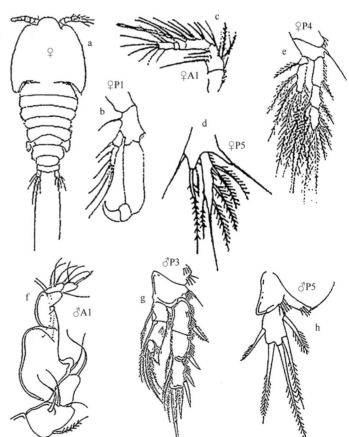

图 100　多毛扁猛水蚤 *Applanola
hirsuta*

a～e 仿自文献 [85]; f～h 仿自文献 [45]

101. 盔甲棘老丰猛水蚤 *Echinolaophonte armiger* (Gurney, 1927)（图 101）

[奇甲猛水蚤 *Onychocamptus armiger* (Gurney): Lang, 1948; 陈清潮, 2008. *Laophonte armiger* Gurney, 1927; Willey, 1930]

体长: ♀ 0.58～0.70mm，♂ 0.49～0.57mm。

生态习性: 底栖性种。

地理分布: 南海；太平洋，印度洋，大西洋。

参考文献: 10，20，45，65，66，68，87。

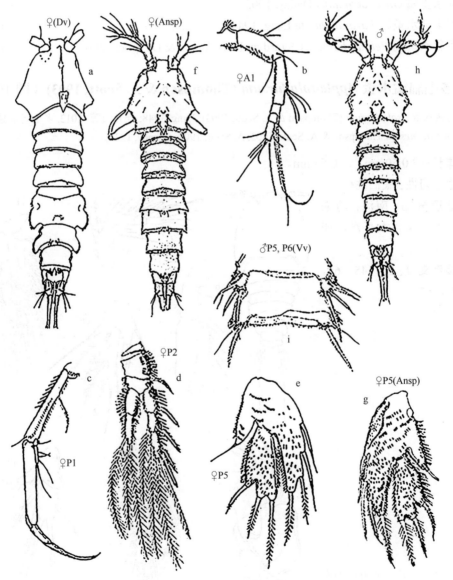

图 101　盔甲棘老丰猛水蚤 *Echinolaophonte armiger*

a～e 仿自文献 [45]；f～i 仿自文献 [68]

102. 奇棘老丰猛水蚤 *Echinolaophonte mirabilis* (Gurney, 1927)（图 102）

[奇爪猛水蚤 *Onychocamptus mirabilis* (Gurney, 1927): Lang, 1948; 张崇洲和李志英, 1976. *Laophonte mirabilis* Gurney, 1927]

体长：♀ 0.66mm。

生态习性：底栖性种。

地理分布：南海西沙群岛海域；西北太平洋，印度洋。

参考文献：10，17，20，33，45，65，66，87。

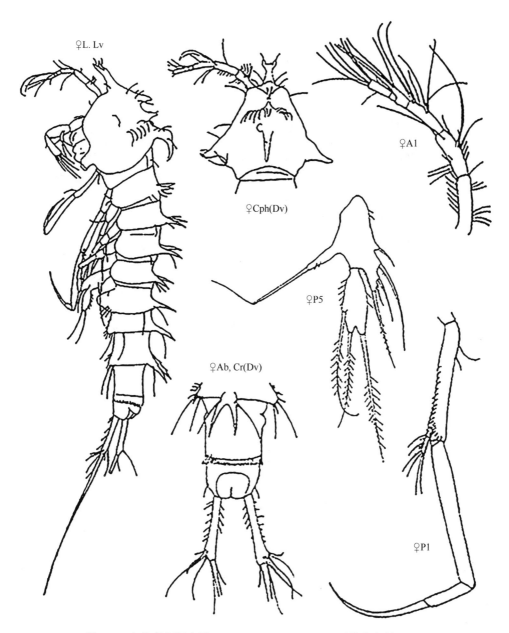

图 102　奇棘老丰猛水蚤 *Echinolaophonte mirabilis*（仿自文献 [45]）

103. 球尾内猛水蚤 *Esola bulbifera* (Norman, 1911)（图 103）

[球尾老丰猛水蚤 *Laophonte bulbifera* Norman, 1911; Gurney, 1927; Sewell, 1940; 连光山和黄将修, 2008; 陈清潮, 2008]

体长：♀ 0.56 ～ 0.80mm。

生态习性：底栖性种。

地理分布：台湾基隆碧砂渔港、南海；太平洋，印度洋，大西洋。

参考文献：10，17，19，20，45，65，79，87。

注：Lang[65] 把球尾内猛水蚤 *Esola bulbifera* 作为长尾内猛水蚤 *E. longicauda* 的异名。但 Wells[87] 仍把前者作为有效种，依据是上述 2 种的尾叉（Cr）及第 1 胸足（P1）形态结构存在明显差异，认为把球尾内猛水蚤作为有效种更为恰当。本书也采纳 Wells 的订正见解。

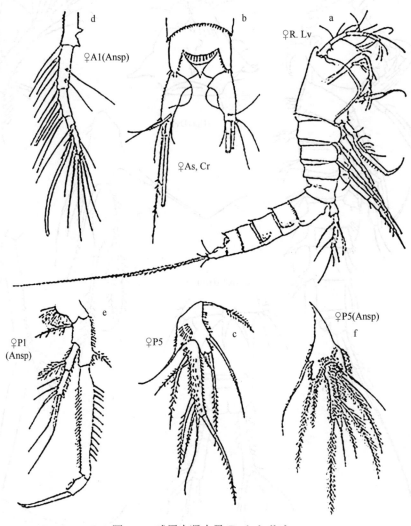

图 103　球尾内猛水蚤 *Esola bulbifera*

a ～ c 仿自文献 [45]；d ～ f 仿自文献 [65]

104. 长尾内猛水蚤 *Esola longicauda* Edwards, 1891（图 104）

[*Laophonte rhadiaca* Brian, 1927; 1928]

　　体长：♀ 0.60 ～ 0.80mm，♂ 0.42 ～ 0.50mm。

　　生态习性：底栖性种。

　　地理分布：南海西沙群岛海域；西北太平洋，印度洋，大西洋。

　　参考文献：10，17，20，33，65，87。

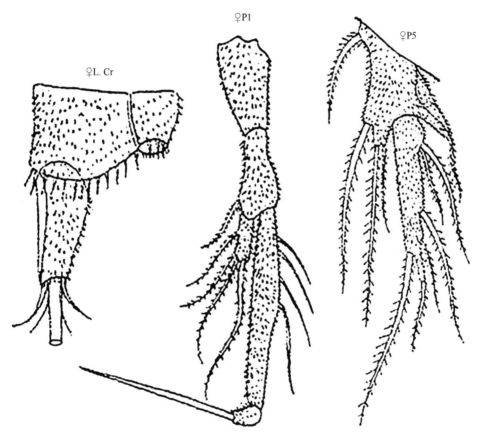

图 104　长尾内猛水蚤 *Esola longicauda*（仿自文献 [65]）

105. 角突老丰猛水蚤 *Laophonte cornuta* Philippi, 1840（图 105）

[*Cleta forcipata* Claus, 1866. *Laophonte forcipata*: Norman, 1886. *L. serreta*: Brady, 1880; Thompson & A. Scott, 1903]

体长：♀ 0.75 ～ 1.10mm，♂ 0.9 ～ 1.0mm。

生态习性：底栖性种。

地理分布：台湾基隆碧砂渔港、南海；马来群岛海域；太平洋，印度洋，北大西洋，地中海。

参考文献：10，17，19，20，45，65，66，75，77，79，87，90。

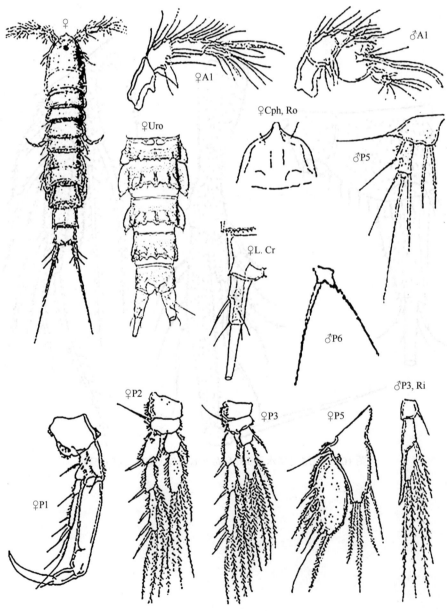

图 105 　角突老丰猛水蚤 *Laophonte cornuta*

♀ Uro 仿自文献 [66]；其余仿自文献 [75]

106. 西玛老丰猛水蚤 *Laophonte sima* Gurney, 1927（图 106）

体长：♀ 0.44 ～ 0.50mm。

生态习性：底栖性种。

地理分布：台湾基隆碧砂渔港、南海；西北太平洋，印度洋。

参考文献：10，17，19，20，45，65，87。

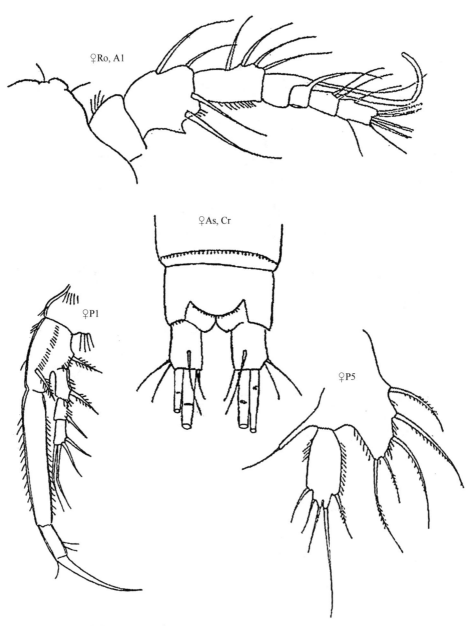

图 106 西玛老丰猛水蚤 *Laophonte sima*（仿自文献 [45]）

107. 模式爪猛水蚤 *Onychocamptus mohammed* (Blanchard & Richard, 1891) （图 107）

[*Laophonte mohammed* Blanchard & Richard, 1891; Gurney, 1932; 沈嘉瑞等, 1962. *L. calamorum* Willey, 1923. *L. humilis* Brian, 1929. *Onychocamptus heteropus* Daday, 1903]

体长: ♀ 0.50～0.80mm, ♂ 0.43～0.50mm。

生态习性: 底栖性（广温性）咸淡水种。

地理分布: 渤海、福建沿海、广东及海南岛沿海；太平洋，印度洋及大西洋。

参考文献: 7, 16, 20, 65, 87。

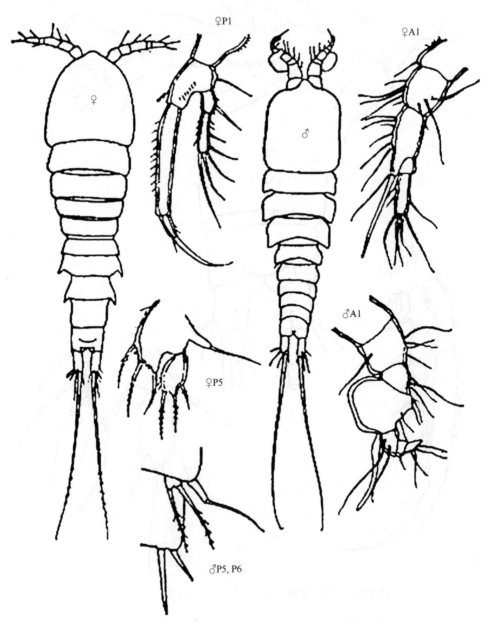

图 107 模式爪猛水蚤 *Onychocamptus mohammed*（仿自文献 [7]）

108. 同类拟老丰猛水蚤 *Paralaophonte congenera* (Sars, 1908)（图 108）

[*Laophonte congenera* Sars, 1908; 1911]

体长: ♀ 0.45 ～ 0.60mm，♂ 0.45mm。

生态习性: 底栖性种。

地理分布: 南海西沙群岛海域；西北太平洋，大西洋。

参考文献: 10，17，20，33，65，75，87。

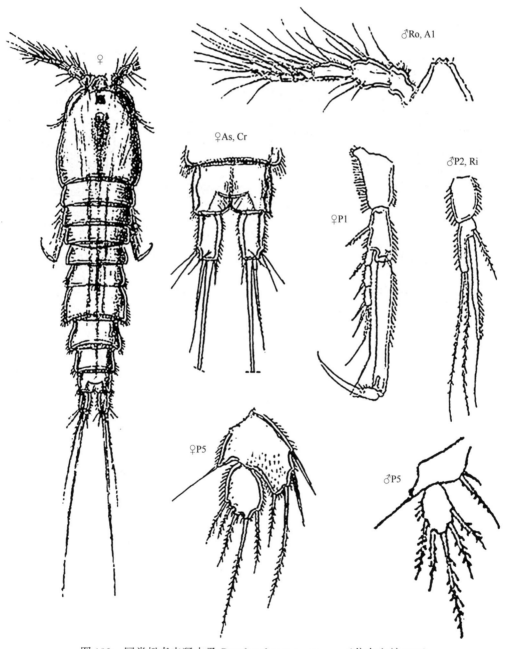

图 108　同类拟老丰猛水蚤 *Paralaophonte congenera*（仿自文献 [75]）

109. 叉双甲猛水蚤 *Peltidiphonte furcata* Gheerardyn, Fiers, Vincx & De Troch, 2006（图 109）

体长：♀ 0.35 ～ 0.42mm，♂ 0.33 ～ 0.39mm。

生态习性：底栖性种。

地理分布：南海；马来群岛海域；西北太平洋。

参考文献：20，43，87。

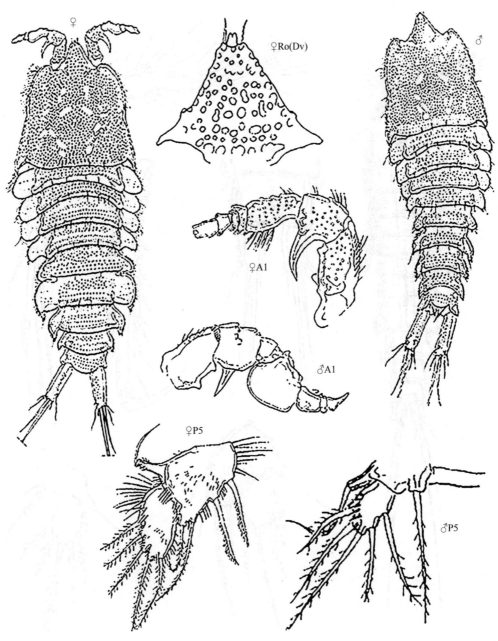

图 109　叉双甲猛水蚤 *Peltidiphonte furcata*（仿自文献 [43]）

110. 大双甲猛水蚤 *Peltidiphonte major* Gheerardyn, Fiers, Vincx & De Troch, 2006（图 110）

[蟹双甲猛水蚤 *Peltidiphonte maior* Gheerardyn et al., 2006; 连光山等, 2012]

体长： ♀ 0.51～0.60mm，♂ 0.45～0.59mm。

生态习性： 底栖性种。

地理分布： 南海；马来群岛海域；西北太平洋。

参考文献： 20，43，87。

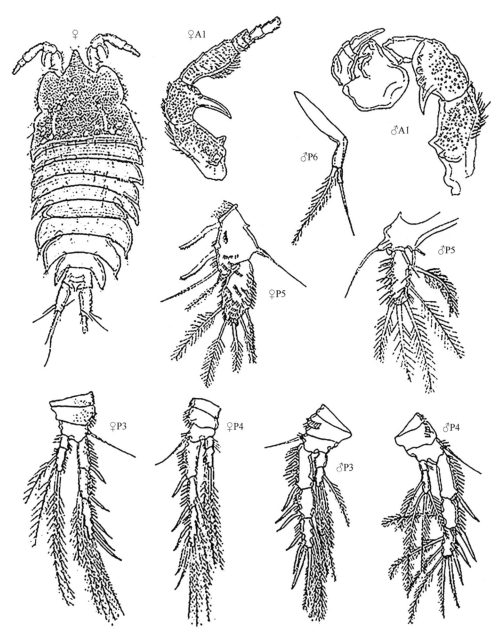

图 110　大双甲猛水蚤 *Peltidiphonte major*（仿自文献 [43]）

111. 喙额双甲猛水蚤 *Peltidiphonte rostrata* Gheerardyn, Fiers, Vincx & De Troch, 2006（图 111）

体长： ♀ 0.51 ～ 0.59mm，♂ 0.42 ～ 0.49mm。

生态习性： 底栖性种。

地理分布： 南海；马来群岛海域；西北太平洋。

参考文献： 20，43，87。

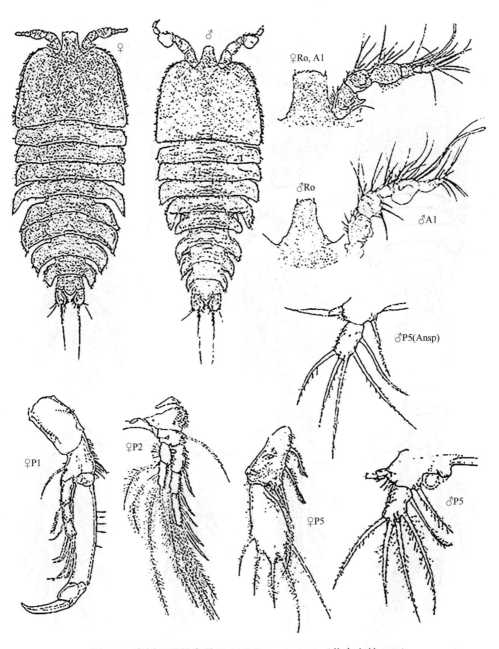

图 111　喙额双甲猛水蚤 *Peltidiphonte rostrata*（仿自文献 [43]）

十九、长足猛水蚤科 Family Longipediidae Sars, 1903

[Longipedina Boeck, 1864 (部分), Longipediinae Brady, 1880 (部分)]

长足猛水蚤科 Longipediidae Sars, 1903 仅有 1 属 13 种及 2 亚种。中国海及其邻近海域记录 5 种及 1 亚种。

属名	种数	页码
长足猛水蚤属 *Longipedia* Claus, 1863	6	131

112. 日本安达长足猛水蚤（亚种）*Longipedia andamanica nipponica* Itô, 1985（图 112）

体长：♀ 0.95mm，♂ 0.76mm。
生态习性：底栖性种。
地理分布：日本南部沿海；太平洋，印度洋（安达曼群岛海域）。
参考文献：36，64，87。

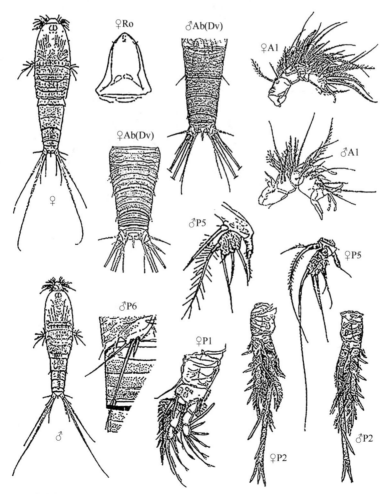

图 112　日本安达长足猛水蚤（亚种）*Longipedia andamanica nipponica*（仿自文献 [64]）

113. 冠长足猛水蚤 *Longipedia coronata* Claus, 1863（图 113）

体长：♀ 0.80～1.30mm，♂1.08mm。

生态习性：底栖性种。

地理分布：东海、台湾基隆碧砂渔港、南海；马来群岛海域；太平洋，印度洋，北大西洋，地中海。

参考文献：6，10，19，20，36，65，75，77，87。

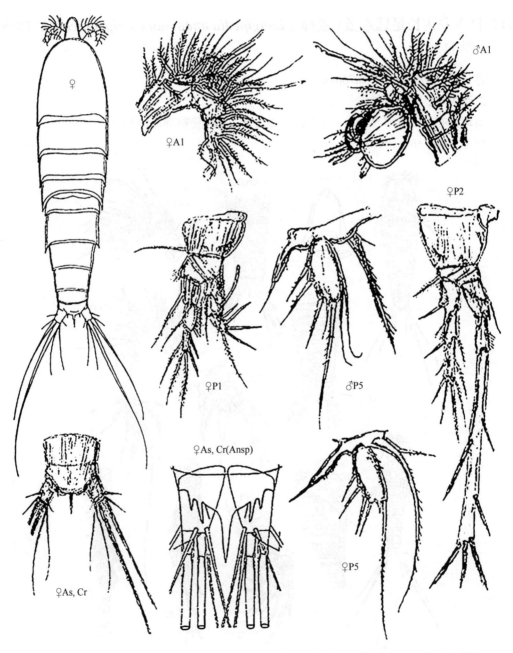

图 113　冠长足猛水蚤 *Longipedia coronata*（仿自文献 [75]）

114. 基氏长足猛水蚤 *Longipedia kikuchii* Itô, 1980（图 114）

[*Longipedia weberi*: Itô, 1973 (non A. Scott, 1909)]

体长：♀ 1.0mm，♂ 0.9mm。

生态习性：底栖性种。

地理分布：日本南部沿海，马来群岛海域；太平洋。

参考文献：36，53，58，65，87。

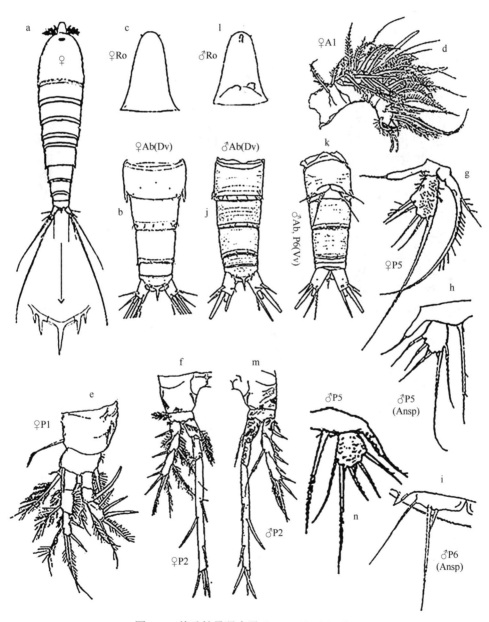

图 114　基氏长足猛水蚤 *Longipedia kikuchii*

a～i 仿自文献 [53]；j～n 仿自文献 [58]

115. 斯氏长足猛水蚤 *Longipedia scotti* Sars, 1903（图 115）

　　体长：♀ 1.3 ～ 1.5mm。

　　生态习性：底栖性种。

　　地理分布：东海、台湾海峡西部及南海北部沿海；马来群岛海域，澳大利亚大堡礁；太平洋，北大西洋。

　　参考文献：10，20，28，36，45，65，75，77，87。

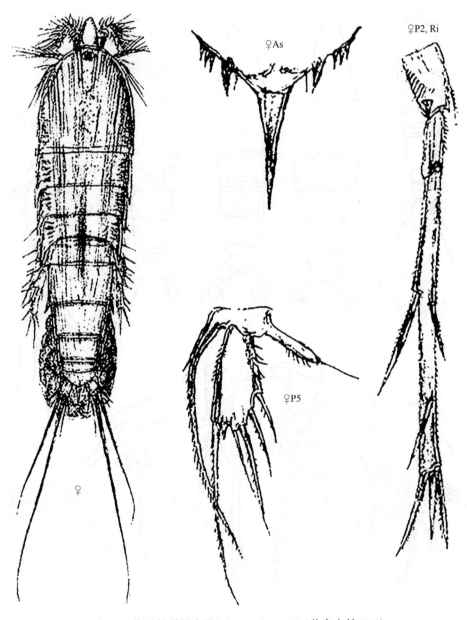

图 115　斯氏长足猛水蚤 *Longipedia scotti*（仿自文献 [75]）

116. 小刺长足猛水蚤 *Longipedia spinulosa* Itô, 1981（图 116）

体长：♀ 0.93 ～ 1.05mm，♂ 0.80mm。

生态习性：底栖性种。

地理分布：南海北部沿海（新记录种）；日本北部沿海；西北太平洋。

参考文献：22，60，87。

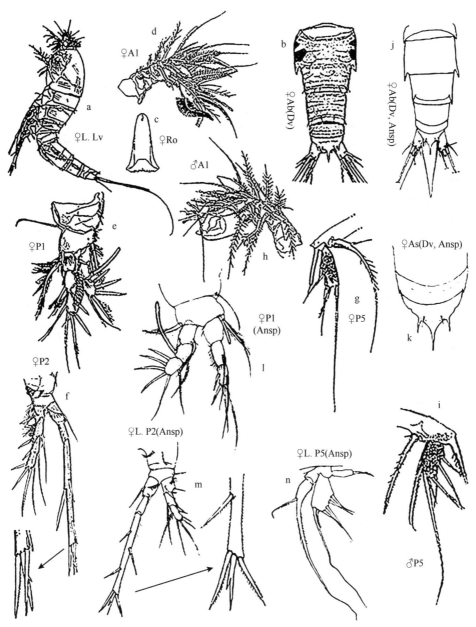

图 116　小刺长足猛水蚤 *Longipedia spinulosa*

a ～ i 仿自文献 [60]；j ～ n 仿自文献 [22]

117. 韦氏长足猛水蚤 *Longipedia weberi* A. Scott, 1909（图 117）

体长：♀ 0.61mm，♂ 0.60mm。

生态习性：底栖性种。

地理分布：东海、台湾海峡西部沿海（闽江口及厦门湾）、台湾浅滩、南海北部粤东沿海；日本南部沿海，马来群岛海域；西北太平洋。

参考文献：10，20，28，36，58，77，87。

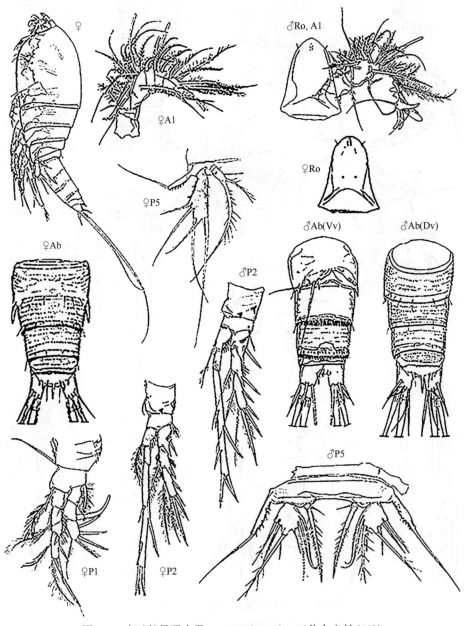

图 117　韦氏长足猛水蚤 *Longipedia weberi*（仿自文献 [58]）

二十、劳林猛水蚤科 Family Louriniidae Monard, 1927

[Ceyloniidae A. Scott, 1909. Ceyloniellidae Monard, 1937]

本科仅有劳林猛水蚤属 *Lourinia* Wilson, 1924 1 属 1 种，中国海及其邻近海域也有记录。

属名	种数	页码
劳林猛水蚤属 *Lourinia* Wilson, 1924	1	137

[*Ceylonia* Thompson & A. Scott, 1903. *Ceyloniella* Wilson, 1924. *Jurinia* Claus, 1866]

118. 武装劳林猛水蚤 *Lourinia armata* (Claus, 1866)（图 118）

[*Jurinia amarta* Claus, 1866. *Ceylonia aculeata* Thompson & A. Scott, 1903. *Ceylonia armata* A. Scott, 1909; Gurney, 1927. *Ceyloniella armata*: Willey, 1930; Monard, 1935]

体长：♀ 1.2mm，♂ 1.0mm。

生态习性：底栖性种。

地理分布：南海西沙群岛；马来群岛海域；太平洋，印度洋。

参考文献：10，20，33，45，77，85，87。

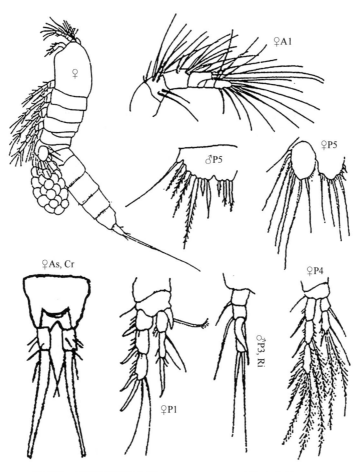

图 118　武装劳林猛水蚤 *Lourinia armata*（仿自文献 [85]）

二十一、灵巧猛水蚤科 Family Metidae Sars, 1910

[Metinae Boeck, 1872. Ilyopsylliidae A. Scott, 1909]

本科含 2 属 9 种及 2 亚种 [36,87]。中国海及其邻近海域仅记录 1 属 1 种。

属名	种数	页码
灵巧猛水蚤属 *Metis* Philippi, 1843	1	138

[*Ilyopsyllus* Brady & Robertson, 1873. *Thoracosphaera* Kricagin, 1873. *Abacola* Edwards, 1891. *Carazzoides* Grandori, 1912. *Parametis* Labbe, 1927]

119. 海参灵巧猛水蚤 *Metis holothariae* (Edwards, 1891)（图 119）

[*Abacola holothurie* Edwards, 1891; *Ilypsyllus coriaceus*: Claus, 1863; 1897. *Ilyopsyllus jousseaumei*: Richard, 1892. *I. affinis*: T. Scott, 1893; Thompson & A. Scott, 1903; A. Scott, 1909. *I. sarsi*: Sharpe, 1910. 捷氏灵巧猛水蚤 [珠巧猛水蚤] *Metis jousseaumei*: Gurney, 1927; Wilson, 1932; Sewell, 1940; 连光山和林玉辉, 2006; 连光山和黄将修, 2008; 陈清潮, 2008. *M. sarsi*: Monard, 1928]

体长： ♀ 0.35 ～ 0.82mm，♂ 0.30 ～ 0.68mm。

生态习性： 海洋浮游性广布种。

地理分布： 台湾海峡厦门湾、台湾南湾及基隆港、南海；马来群岛海域；太平洋，印度洋及大西洋。

参考文献： 10，16，19，20，21，36，45，65，77，79，85，87，90。

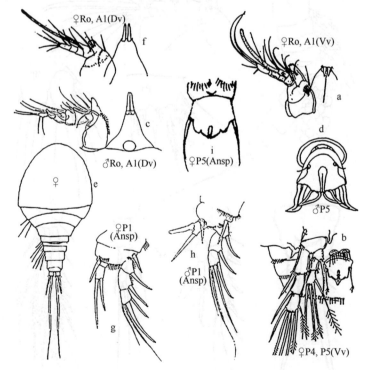

图 119　海参灵巧猛水蚤 *Metis holothariae*

a ～ d 仿自文献 [45]；e ～ h 仿自文献 [79]；i 仿自文献 [90]

二十二、奇异猛水蚤科［粗毛猛水蚤科］
Family Miraciidae Dana, 1846

[大星猛水蚤科 Macrosetellidae]

本科的属、种在分类系统中变化较大（参见双囊猛水蚤科 Diosaccidae 在分类系统中的讨论）。绝大多数是海洋底栖性种，少数为淡水、咸淡水或共生性种，仅有 4 属含有少数海洋浮游性种[36]。中国海及其邻近海域仅记录 4 属 4 种。

属名	种数	页码
1. 长毛猛水蚤属［大星猛水蚤属］*Macrosetella* A. Scott, 1909	1	139
[毛猛水蚤属 *Setella* Dana, 1846]		
2. 奇异猛水蚤属［嫩猛水蚤属］*Miracia* Dana, 1846	1	140
3. 眼毛猛水蚤属 *Oculosetella* Dahl, 1895	1	141
4. 直爪猛水蚤属 *Onychostenhelia* Itô, 1979	1	142

120. 瘦长毛猛水蚤［秀丽大星猛水蚤］*Macrosetella gracilis* (Dana, 1847)
（图 120）

[*Setella gracilis* Dana, 1847; Brady, 1883; 1915; Gresbrecht, 1892; Thompson & A. Scott, 1903; Farran, 1929; Mori, 1929; 1937; Dakin & Colefax, 1940; Sewell, 1947; 陈清潮等, 1974; 连光山和林玉辉, 1994; 2008. *Setella longicauda* Dana, 1848 (♂)]

体长: ♀ 1.1 ～ 1.5mm，♂ 1.0 ～ 1.3mm。

生态习性: 海洋浮游性广布种。

地理分布: 东海、南海；菲律宾—马来群岛海域；太平洋，印度洋，大西洋。

参考文献: 4，8，10，16，17，19，20，21，23，26，29，36，41，44，70，77，80，87，91。

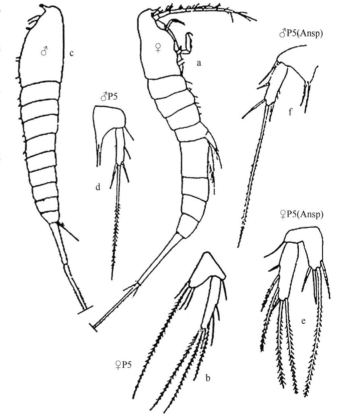

图 120　瘦长毛猛水蚤
Macrosetella gracilis
a ～ d 仿自文献 [23]；e、f 仿自文献 [8]

121. 奇异猛水蚤 [奇嫩猛水蚤] *Miracia efferata* Dana, 1849（图 121）

体长：♀ 1.5～2.0mm，♂ 1.4～1.6mm。

生态习性：海洋浮游性暖水广布种。

地理分布：东海至南海；琉球群岛及菲律宾—马来群岛海域；太平洋，印度洋，大西洋。

参考文献：10，17，19，20，21，24，40，65，85，90，91。

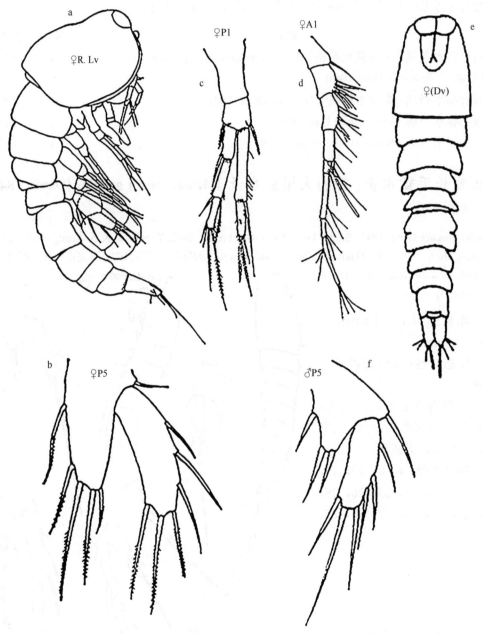

图 121　奇异猛水蚤 *Miracia efferata*

a～d 仿自文献 [24]；e、f 仿自文献 [40]

122. 细眼毛猛水蚤 *Oculosetella gracilis* (Dana, 1849)（图 122）

[*Miracia gracilis* Dana, 1849; 1852. *Macrosetella oculata*: Wilson, 1932. *Setella oculata* Sars, 1916]

体长：♀ 1.20 ～ 1.35mm，♂ 1.15 ～ 1.30mm。

生态习性：海洋浮游性暖水广布种。

地理分布：台湾南部及南海北部海域；日本黑潮区；太平洋，印度洋及大西洋。

参考文献：20，46，65，90，91。

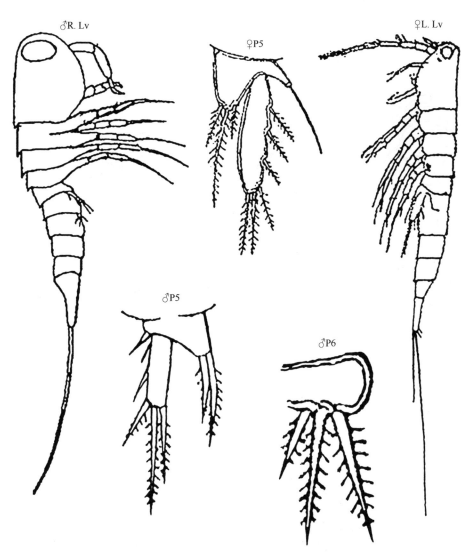

图 122　细眼毛猛水蚤 *Oculosetella gracilis*

♀ L. Lv 仿自文献 [65]；其余仿自文献 [90]

123. 双刺直爪猛水蚤 *Onychostenhelia bispinosa* Huys & Mu, 2008（图 123）

体长：♀ 0.50 ～ 0.61mm，♂ 0.44 ～ 0.56mm。

生态习性：底栖性种。

地理分布：渤海；西北太平洋。

参考文献：20，49。

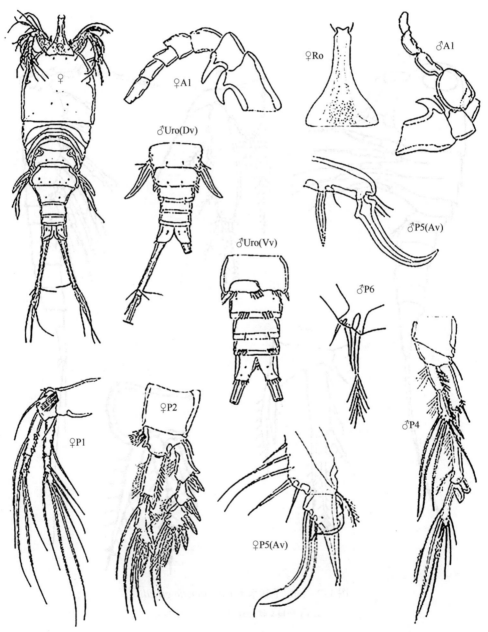

图 123　双刺直爪猛水蚤 *Onychostenhelia bispinosa*（仿自文献 [49]）

二十三、直体猛水蚤科 Family Orthopsyllidae Huys, 1990

本科仅有 1 属 6 种及 6 亚种 [87]。中国海及其邻近海域仅记录 1 属 1 种。

属名	种数	页码
直体猛水蚤属 *Orthopsyllus* Brady & Robertson, 1873	1	143

[*Liljeborgia* Claus, 1866. *Katacletodes* Jakobi, 1954]

124. 线形直体猛水蚤［林氏直体猛水蚤］*Orthopsyllus linearis* (Claus, 1866)
（图 124）

[*Liljeborgia linearis* Claus, 1866. *Cletodes linearis* Brady, 1880; A. Scott, 1909; Thompson & A. Scott, 1903]

体长：♀ 0.89 ～ 1.25mm。

生态习性：底栖性种。

地理分布：南海；马来群岛海域；太平洋，印度洋，大西洋。

参考文献：20，36，65，66，75，77，85，87。

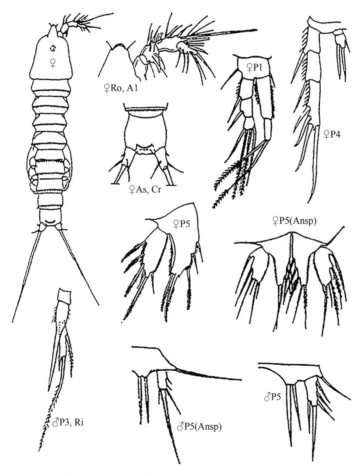

图 124　线形直体猛水蚤 *Orthopsyllus linearis*

♂ P3, Ri 仿自文献 [75]；其余仿自文献 [65]

二十四、拟同相猛水蚤科［拟相猛水蚤科］
Family Parastenheliidae Lang, 1948

[Parastenheliinae Lang, 1936]

本科含 2 属 17 种 [87]。中国海及其邻近海域仅记录 1 属 1 种。

属名	种数	页码
拟同相猛水蚤属［拟相猛水蚤属］*Parastenhelia* Thompson & A. Scott, 1903	1	144

125. 刺拟同相猛水蚤［刺拟相猛水蚤］*Parastenhelia spinosa* (Fischer, 1860)
（图 125）

[*Harpacticus spinosa* Fischer, 1860. *Thalestris forficula* Claus, 1863. 叉小殊足猛水蚤 *Microthalestris forficula* (Claus, 1863): Sars, 1911; 连光山和林玉辉, 2006; 2008; 陈清潮, 2008. *M. littoralis* Sars, 1911. 海刺拟同相猛水蚤 *Parastenhelia spinosa littoralis* (Sars): 张崇洲和李志英, 1976]

体长: ♀ 0.35 ～ 0.80mm，♂ 0.4 ～ 0.6mm。

生态习性: 底栖性种。

地理分布: 福建海岸带水域、厦门湾、南海西沙群岛海域；太平洋，大西洋。

参考文献: 10，14，16，17，20，33，36，65，75，87。

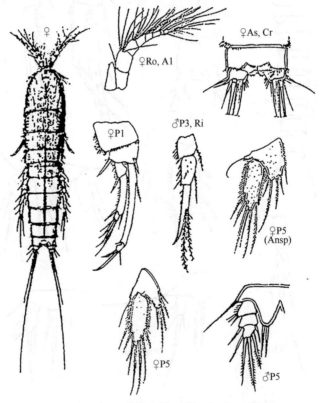

图 125　刺拟同相猛水蚤 *Parastenhelia spinosa*

♀ P5(Ansp) 仿自文献 [65]；其余仿自文献 [75]

二十五、龟甲猛水蚤科 Family Peltidiidae Sars, 1904

[Peltidinae Boeck, 1872; Claus, 1889]

本科含 9 属 64 种 [87]。中国海及其邻近海域记录 7 属 13 种。

属名	种数	页码
1. 厚甲猛水蚤属 *Alteutha* Baird, 1845	1	145
2. 小厚甲猛水蚤属 *Alteuthella* A. Scott, 1909	3	146
3. 仿厚甲猛水蚤属 *Alteuthellopsis* Lang, 1944	1	149
4. 真盾猛水蚤属 *Eupelte* Claus, 1860	1	150
5. 真龟甲猛水蚤属 *Eupeltidium* A. Scott, 1909	1	151
6. 拟龟甲猛水蚤属 *Parapeltidium* A. Scott, 1909	1	152
7. 龟甲猛水蚤属 *Peltidium* Philippi, 1839	5	153

126. 间厚甲猛水蚤［折腰厚甲猛水蚤］*Alteutha interrupta* (Goodsia, 1845)
（图 126）

[*Sterope interruptus* Goodsia, 1845. *Alteutha bopyroides* Claus, 1863. *A. norvegica* Boeck, 1864; Brady, 1867. *Peltidium interruptum* Brady, 1880. *P. conophorum* Poppe, 1885]

体长：♀ 1.10 ～ 1.20mm。

生态习性：底栖性种。

地理分布：渤海、黄海、东海、台湾海峡及南海北部；太平洋，北大西洋及地中海。

参考文献：5，10，14，15，19，20，36，65，75，87。

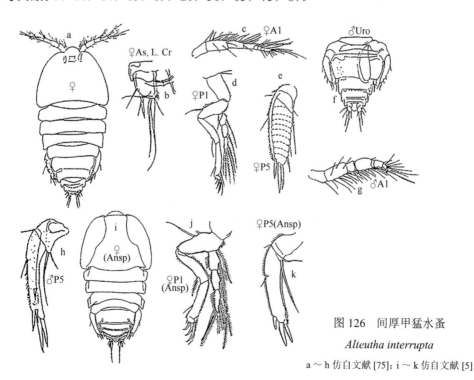

图 126　间厚甲猛水蚤

Alteutha interrupta

a ～ h 仿自文献 [75]；i ～ k 仿自文献 [5]

127. 透明小厚甲猛水蚤 *Alteuthella pellucida* A. Scott, 1909（图 127）

体长：♀ 0.63mm，♂ 0.61mm。

生态习性：底栖性种。

地理分布：南海；马来群岛海域；太平洋。

参考文献：20，65，77，87。

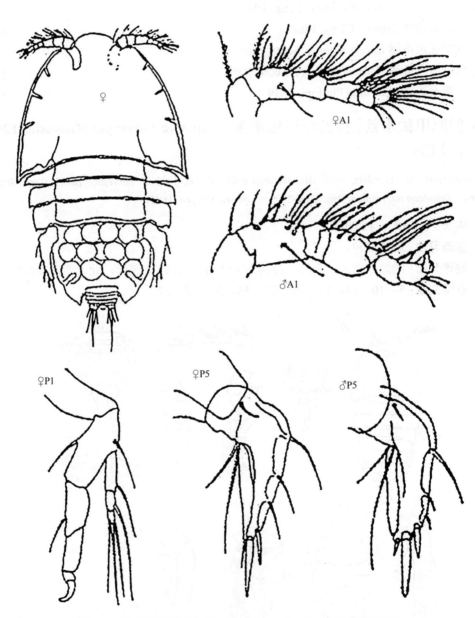

图 127　透明小厚甲猛水蚤 *Alteuthella pellucida*（仿自文献 [77]）

128. 矮小厚甲猛水蚤 *Alteuthella pygamea* A. Scott, 1909（图 128）

体长：♀ 0.56mm。

生态习性：底栖性种。

地理分布：南海；马来群岛海域；太平洋。

参考文献：20，65，77，87。

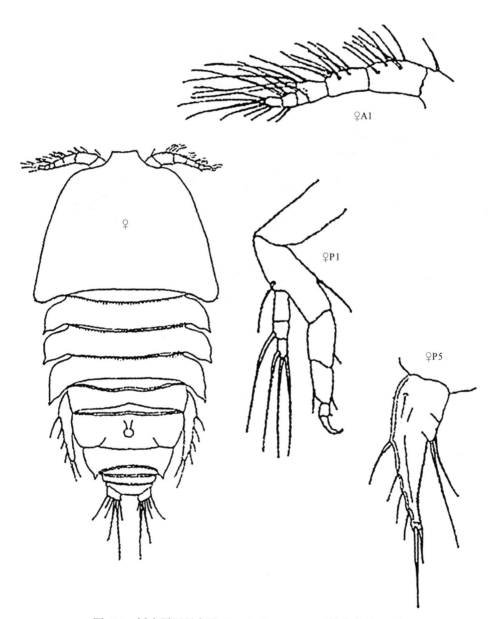

图 128　矮小厚甲猛水蚤 *Alteuthella pygamea*（仿自文献 [77]）

129. 刺尾小厚甲猛水蚤 *Alteuthella spinicauda* A. Scott, 1909（图 129）

体长: ♀ 0.75mm，♂ 0.61mm。

生态习性: 底栖性种。

地理分布: 南海；马来群岛海域；太平洋，印度洋（红海）。

参考文献: 20，45，65，77，87。

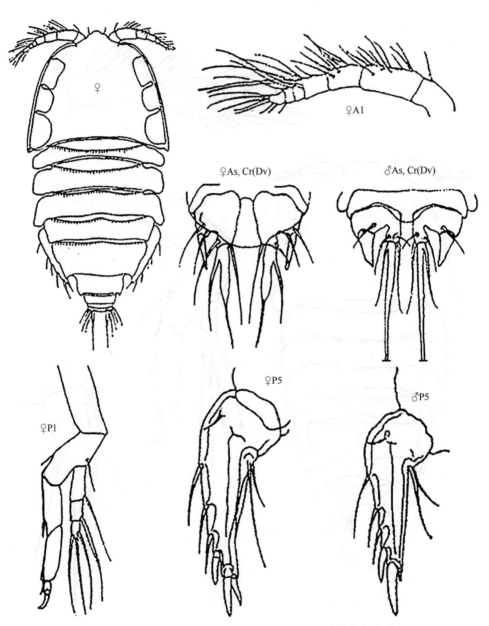

图 129　刺尾小厚甲猛水蚤 *Alteuthella spinicauda*（仿自文献 [77]）

130. 歪尾仿厚甲猛水蚤 *Alteuthellopsis oblivia* (A. Scott, 1909)（图 130）

[*Eupelte oblivia* A. Scott, 1909]

体长： ♀ 0.74mm，♂ 0.64mm。

生态习性： 底栖性种。

地理分布： 南海；马来群岛海域；太平洋。

参考文献： 20，65，77，87。

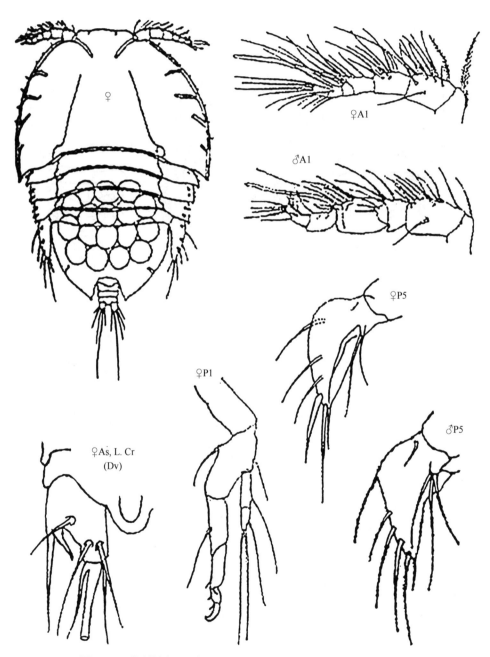

图 130　歪尾仿厚甲猛水蚤 *Alteuthellopsis oblivia*（仿自文献 [77]）

131. 锐刺真盾猛水蚤［尖真盾猛水蚤］*Eupelte acutispinis* Zhang & Li, 1976
（图 131）

体长：♀ 0.50 ~ 0.53mm，♂ 0.48mm。

生态习性：底栖性种。

地理分布：南海西沙群岛海域；太平洋。

参考文献：10，17，20，33，87。

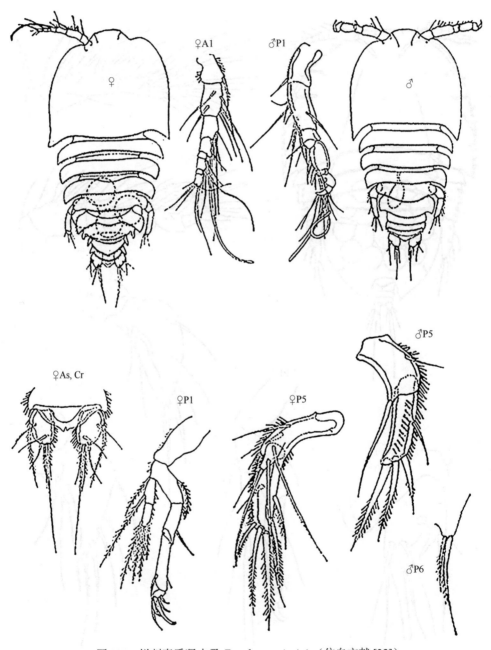

图 131　锐刺真盾猛水蚤 *Eupelte acutispinis*（仿自文献 [33]）

132. 平滑真龟甲猛水蚤 *Eupeltidium glabrum* A. Scott, 1909（图 132）

体长：♀ 1.2mm。

生态习性：底栖性种。

地理分布：南海；马来群岛海域；太平洋。

参考文献：20，65，77，87。

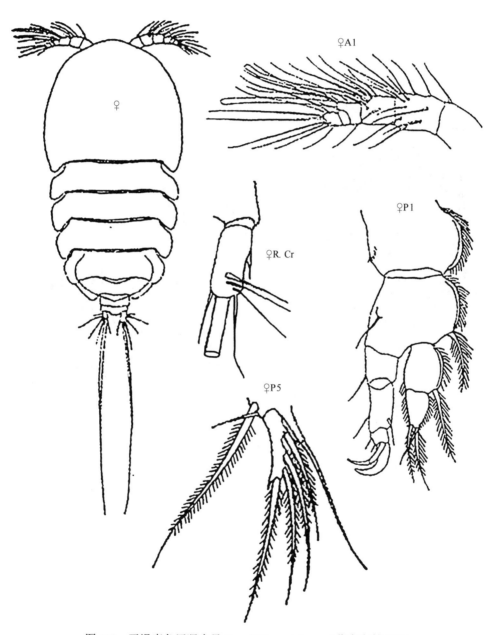

图 132　平滑真龟甲猛水蚤 *Eupeltidium glabrum*（仿自文献 [77]）

133. 约翰拟龟甲猛水蚤 *Parapeltidium johnstoni* A. Scott, 1909（图 133）

体长：♀ 1.36mm。

生态习性：底栖性种。

地理分布：南海；马来群岛海域；太平洋。

参考文献：20，65，77，87。

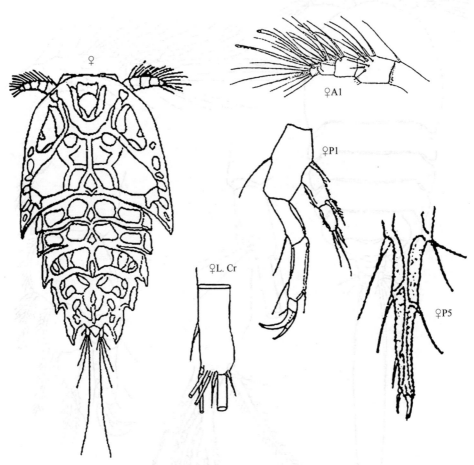

图 133　约翰拟龟甲猛水蚤 *Parapeltidium johnstoni*（仿自文献 [77]）

134. 短龟甲猛水蚤 *Peltidium exiguum* A. Scott, 1909（图 134）

体长：♀ 0.98mm。

生态习性：底栖性种。

地理分布：南海；马来群岛海域；太平洋。

参考文献：20，65，77，87。

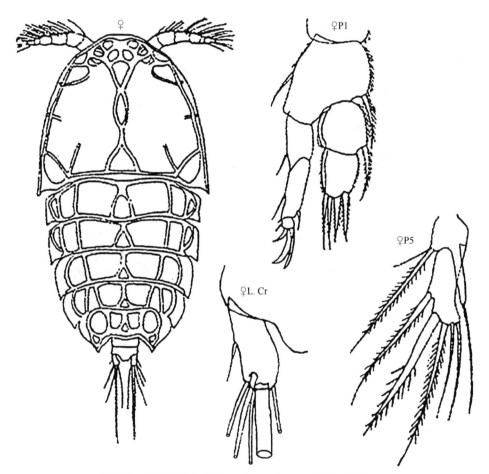

图 134　短龟甲猛水蚤 *Peltidium exiguum*（仿自文献 [77]）

135. 镰形龟甲猛水蚤 *Peltidium falcatum* A. Scott, 1909（图 135）

体长：♀ 1.1mm。

生态习性：底栖性种。

地理分布：台湾南湾、南海西沙群岛海域；马来群岛海域；太平洋。

参考文献：10，17，19，20，33，65，77，87。

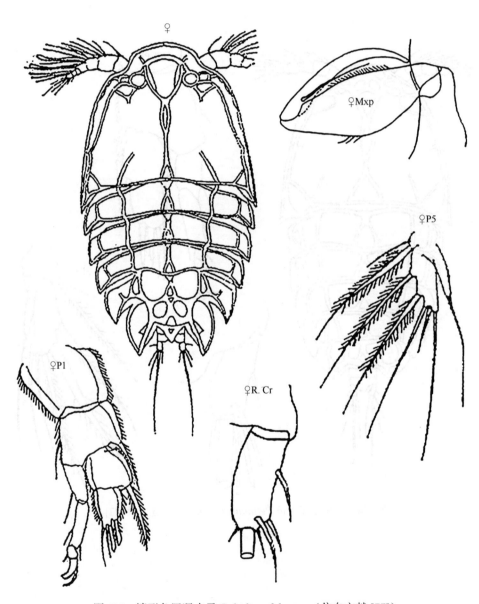

图 135　镰形龟甲猛水蚤 *Peltidium falcatum*（仿自文献 [77]）

136. 中型龟甲猛水蚤 *Peltidium intermedium* A. Scott, 1909（图 136）

体长：♀ 0.87mm。

生态习性：底栖性种。

地理分布：南海；马来群岛海域；太平洋。

参考文献：20，65，77，87。

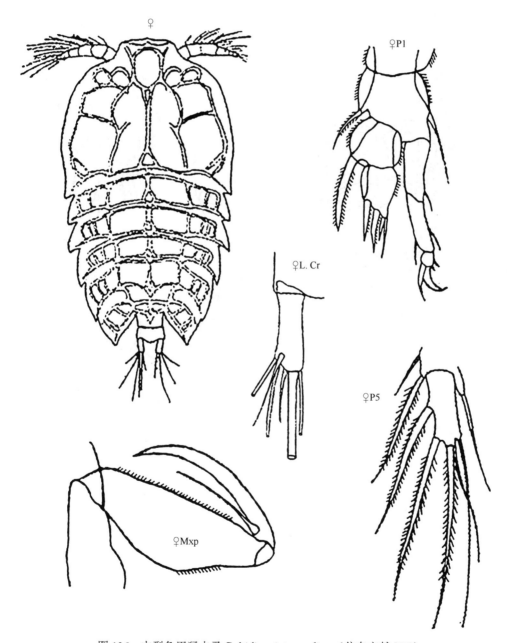

图 136　中型龟甲猛水蚤 *Peltidium intermedium*（仿自文献 [77]）

137. 小龟甲猛水蚤 *Peltidium minutum* A. Scott, 1909（图 137）

体长：♀ 0.8mm。

生态习性：底栖性种。

地理分布：南海；马来群岛海域；太平洋。

参考文献：20，65，77。

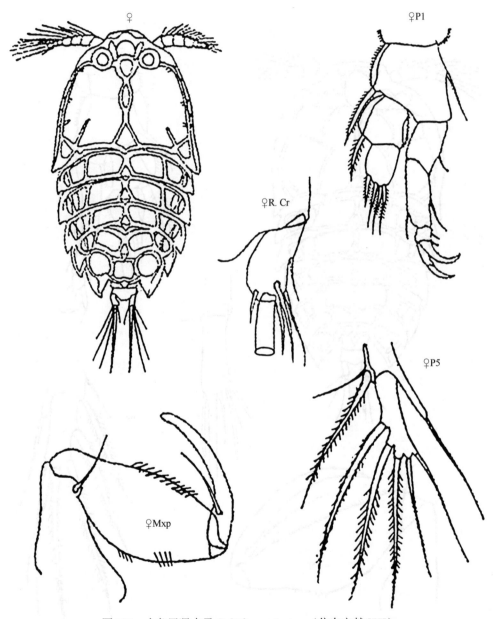

图 137　小龟甲猛水蚤 *Peltidium minutum*（仿自文献 [77]）

138. 卵形龟甲猛水蚤 *Peltidium ovale* Thompson & A. Scott, 1903（图 138）

体长：♀ 1.6mm。

生态习性：底栖性种。

地理分布：台湾南湾、南海西沙群岛海域；太平洋，印度洋。

参考文献：10，17，19，20，33，65，85，87。

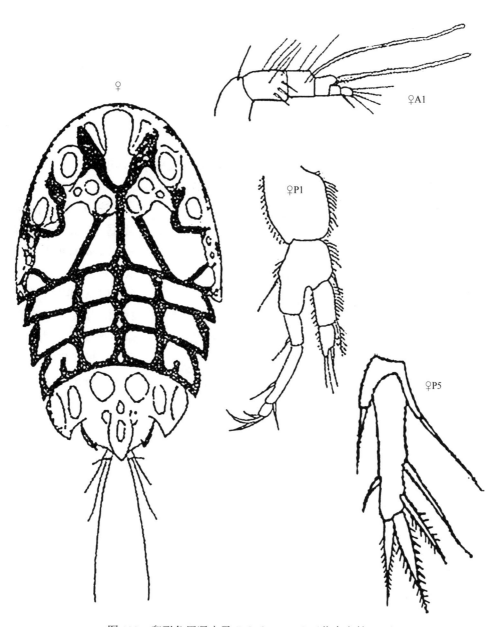

图 138　卵形龟甲猛水蚤 *Peltidium ovale*（仿自文献 [85]）

二十六、鼠猛水蚤科 Family Porcellidiidae Sars, 1904

[Porcellidina Boeck, 1864. Porcellidinae Brady, 1880]

　　本科含 6 属 62 种 [87]。中国海及其邻近海域仅记录 1 属 4 种。

属名	种数	页码
鼠猛水蚤属 *Porcellidium* Claus, 1860	4	158

[*Acutiramus* Harris & Robertson, 1994. *Murramia* Harris, 1994. *Kioloaria* Harris, 1994.
　Kensakia Harris & Iwasaki, 1997. *Mucrorostrum* Harris & Iwasaki, 1997]

139. 尖尾鼠猛水蚤 *Porcellidium acuticaudatum* Thompson & A. Scott, 1903 （图 139）

体长：♀ 0.6mm、♂ 0.5mm。
生态习性：底栖性种。
地理分布：台湾基隆碧砂渔港、南海西沙群岛海域；太平洋，印度洋。
参考文献：10，17，19，20，33，45，65，85，87。

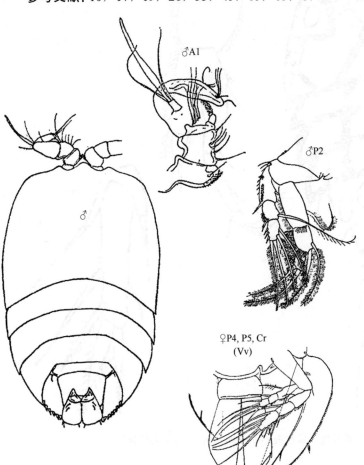

注：Lang[65] 把尖尾鼠猛水蚤 *Porcellidium acuticaudatum* 作为卵形鼠猛水蚤 *P. ovatum* 的异名，但 Wells[87] 仍把上述 2 种作为独立有效的种，即不把前者作为后者的异名。据我们观察比较，上述 2 种的形态特征虽有些相似，但第 1 触角、尾叉及第 5 胸足均有明显差异，故仍把尖尾鼠猛水蚤 *P. acuticaudatum* 作为有效种。

图 139　尖尾鼠猛水蚤
Porcellidium acuticaudatum
（仿自文献 [45]）

140. 短尾鼠猛水蚤 *Porcellidium brevicaudatum* Thompson & A. Scott, 1903
（图 140）

体长：♀ 0.67mm。

生态习性：底栖性种。

地理分布：南海；马来群岛海域；太平洋，印度洋。

参考文献：20，65，77，85，87。

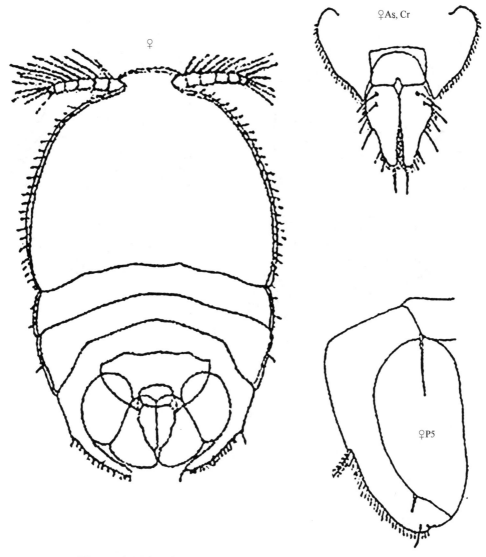

图 140　短尾鼠猛水蚤 *Porcellidium brevicaudatum*（仿自文献 [85]）

141. 卵形鼠猛水蚤 *Porcellidium ovatum* Haller, 1879（图 141）

[*Porcellidium parvulum* Haller, 1879. *P. scutatum* Claus, 1889]

体长：♀ 0.6 ～ 0.8mm，♂ 0.5mm。

生态习性：底栖性种。

地理分布：南海西沙群岛海域；太平洋，印度洋。

参考文献：10，17，20，33，65，87。

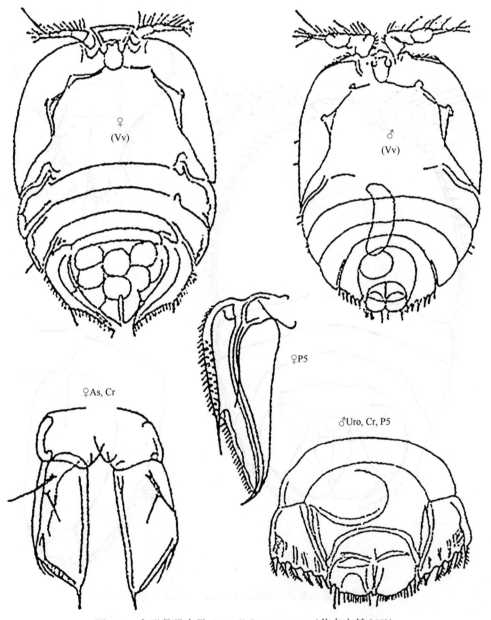

图 141　卵形鼠猛水蚤 *Porcellidium ovatum*（仿自文献 [65]）

142. 绿色鼠猛水蚤 *Porcellidium viride* (Philippi, 1840)（图 142）

[*Thyone viridis* Philippi, 1840. 缌缘鼠猛水蚤 *P. fimbriatum* Claus, 1863; Sars, 1904; 1911; Boxshall & Halsey, 2004; 连光山和黄将修, 2008; 陈清潮, 2008. *P. subrotundum* Norman, 1868. *P. lecanoides* Claus, 1889; Farran, 1913; Lang, 1934]

体长：♀ 0.53 ～ 0.90mm，♂ 0.5 ～ 0.6mm。

生态习性：底栖性种。

地理分布：台湾基隆碧砂渔港、南海；太平洋，大西洋。

参考文献：10，17，19，20，36，65，75，87。

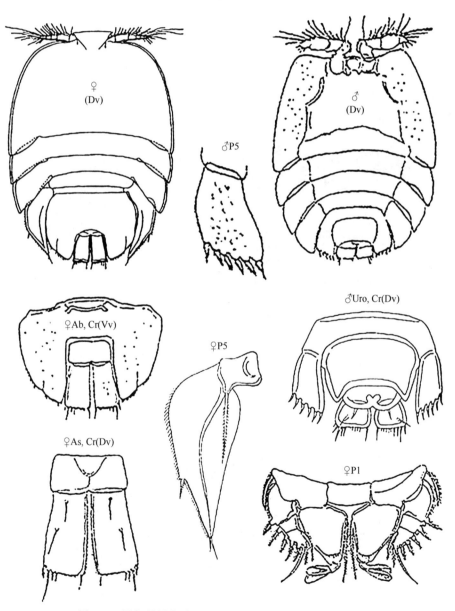

图 142　绿色鼠猛水蚤 *Porcellidium viride*（仿自文献 [75]）

二十七、伪大吉猛水蚤科
Family Pseudotachidiidae Lang, 1936

本科含 4 亚科 28 属 [87]。中国海及其邻近海域仅记录 2 属 4 种。

属名	种数	页码
1. 伪大吉猛水蚤属 *Pseudotachidius* T. Scott, 1898	3	162
2. 木状猛水蚤属 *Xylora* Hicks, 1988	1	165

143. 太平双裂伪大吉猛水蚤（亚种）*Pseudotachidius bipartitus pacificus* Itô, 1983（图 143）

体长：♀ 1.8mm。

生态习性：深海底栖性种。

地理分布：南海；菲律宾棉兰老岛东南海域；西太平洋。

参考文献：63，87。

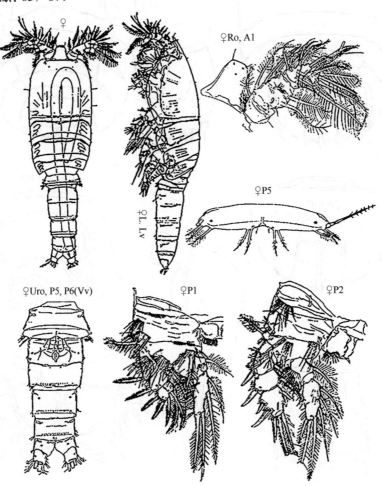

图 143 太平双裂伪大吉猛水蚤（亚种）*Pseudotachidius bipartitus pacificus*（仿自文献 [63]）

144. 何氏伪大吉猛水蚤 *Pseudotachidius horikoshii* Itô, 1983（图 144）

体长：♀ 1.5mm。

生态习性：深海底栖性种。

地理分布：南海；菲律宾棉兰老岛东南海域；西太平洋。

参考文献：63，87。

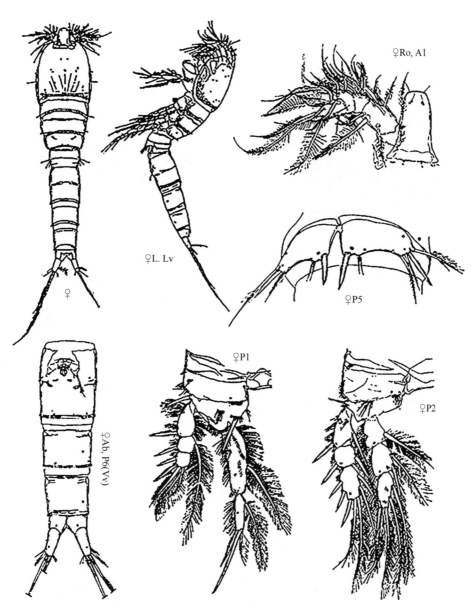

图 144　何氏伪大吉猛水蚤 *Pseudotachidius horikoshii*（仿自文献 [63]）

145. 小型伪大吉猛水蚤 *Pseudotachidius minutus* Itô, 1983（图 145）

体长：♀ 1.2mm。

生态习性：深海底栖性种。

地理分布：南海；菲律宾棉兰老岛东南海域；西太平洋。

参考文献：63，87。

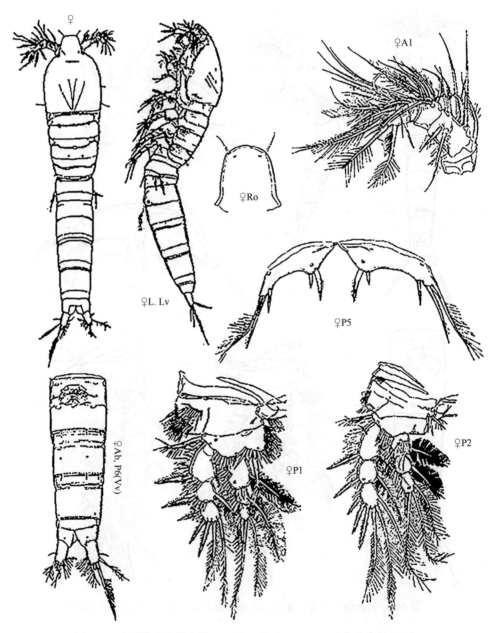

图 145　小型伪大吉猛水蚤 *Pseudotachidius minutus*（仿自文献 [63]）

146. 隐木状猛水蚤 *Xylora calyptogenae* Willen, 2006（图 146）

体长：♀ 0.6mm。

生态习性：底栖性种。

地理分布：南海；马来群岛东部海域；西太平洋。

参考文献：20，89。

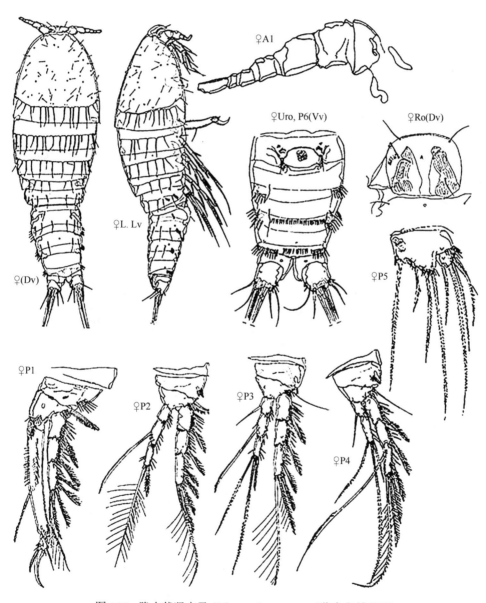

图 146　隐木状猛水蚤 *Xylora calyptogenae*（仿自文献 [89]）

二十八、大吉猛水蚤科 Family Tachidiidae Boeck, 1865

本科含 6 属[36,87]。中国海域记录 2 属 3 种。

属名	种数	页码
1. 小节猛水蚤属 *Microarthridion* Lang, 1948	1	166
2. 大吉猛水蚤属 *Tachidius* Lilljeborg, 1853	2	167

[*Paratachidius* Brady & Robertson, 1873. *Ferroniera* Labbe, 1924; 1926. *Rhyncoceras* Labbe, 1926]

147. 海滨小节猛水蚤 *Microarthridion littoralis* (Poppe, 1881)（图 147）

[*Tachidius littoralis* Poppe, 1881; 1893; Brady, 1896; Gurney, 1932; Thompson & A. Scott, 1903; Wilson, 1932. *Tachidius crassicornis* T. Scott, 1892; 1893; Brady, 1896]

体长：♀ 0.42～0.62mm。

生态习性：底栖性（广温性）咸淡水种。

地理分布：南海北部广东沿海及福建南部沿海；太平洋，印度洋（红海）及北大西洋与北美洲沿海。

参考文献：7，36，65，85，87。

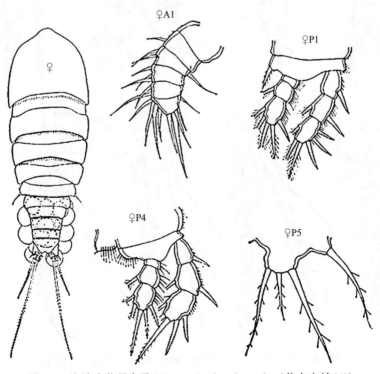

图 147　海滨小节猛水蚤 *Microarthridion littoralis*（仿自文献 [7]）

148. 模范大吉猛水蚤 *Tachidius discipes* Giesbrecht, 1881（图 148）

[*Tachidius brevicornis* Lilljeborg, 1853; Sars, 1909; 1911; Wilson, 1932]

体长：♀ 0.6mm。

生态习性：底栖性（广温广盐性）种。广布于咸水及咸淡水水域。

地理分布：渤海；北太平洋，北大西洋与北美洲沿海及北冰洋群岛水域。

参考文献：7，36，65，75，87，90。

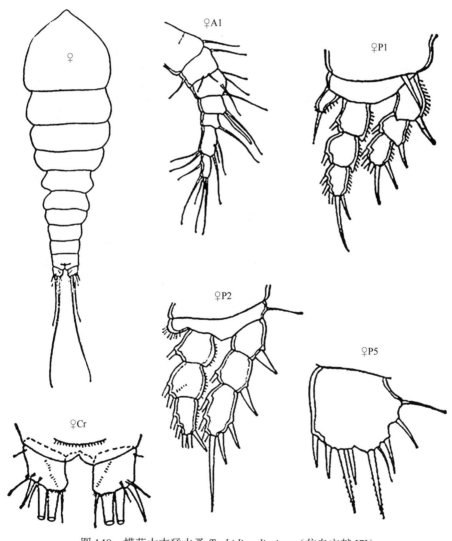

图 148　模范大吉猛水蚤 *Tachidius discipes*（仿自文献 [7]）

149. 近刺大吉猛水蚤 *Tachidius vicinospinalis* Shen & Tai, 1964（图 149）

[*Sinotachidius vicinospinalis* (Shen & Tai, 1964): Wells, 2007]

体长：♀ 0.4 ～ 0.53mm。
生态习性：底栖性咸淡水种。
地理分布：南海北部广东沿海及福建南部沿海；太平洋。
参考文献：7，36，87。

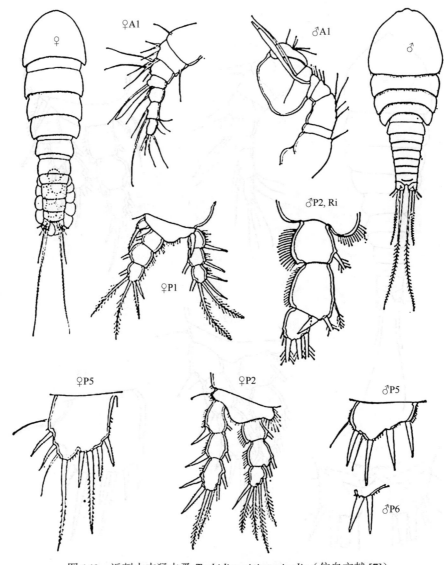

图 149　近刺大吉猛水蚤 *Tachidius vicinospinalis*（仿自文献 [7]）

二十九、盖猛水蚤科 Family Tegastidae Sars, 1904

本科含 6 属[36,87]。中国海仅记录 1 属 1 种。

属名	种数	页码
拟盖猛水蚤属 *Parategastes* Sars, 1904	1	169

[*Amymone* Claus, 1863 (部分). *Amyone* Boeck, 1864. *Tegastes*: Thompson & A. Scott, 1903
（部分)]

150. 球拟盖猛水蚤 *Parategastes sphaericus* (Claus, 1863)（图 150）

[*Amymone sphaerica* Claus, 1863. *A. nigrans* T. & A. Scott, 1894; T. Scott, 1899. *Tegastes nigrans*: Thompson & A.
Scott, 1903]

体长：♀ 0.35mm，♂ 0.44mm。

生态习性：底栖性种。

地理分布：台湾基隆碧砂渔港、南海；太平洋，印度洋，北大西洋及地中海。

参考文献：10，17，19，20，65，75，85，87。

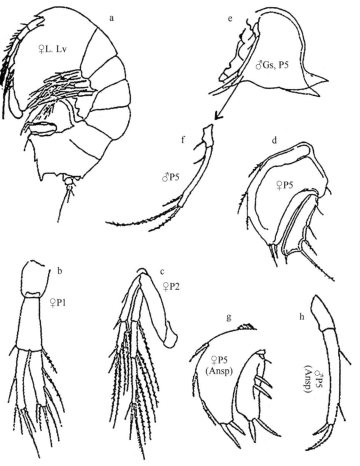

图 150　球拟盖猛水蚤 *Parategastes sphaericus*

a ～ f 仿自文献 [75]；g、h 仿自文献 [65]

三十、矩头猛水蚤科 Family Tetragonicipitidae Lang, 1944

[Tetragonicepsidae Lang, 1948; 1965]

本科含 13 属 [36,87]。中国海仅记录 1 属 2 种。

属名	种数	页码
叶足猛水蚤属 *Phyllopodopsyllus* T. Scott, 1906	2	170

[*Paraphyllopodopsyllus* Lang, 1948]

151. 叉叶足猛水蚤 *Phyllopodopsyllus furcifer* Sars, 1911（图 151）

[*P. furciger* Sars, 1907; 1911; Lang, 1948; Wells, 2007; 张崇洲和李志英, 1976; 陈清潮, 2008]

体长: ♀ 0.73mm。
生态习性: 底栖性种。
地理分布: 南海西沙群岛海域；太平洋，大西洋。
参考文献: 10，17，20，33，65，66，75，87。
注: Sars[75] 的专著 *An Account of the Crustacea of Norwag. Vol. V. Copepoda Harpacticoida* 中所记述的本种学名有误，即在文字部分中（P. 233）被误订为"*P. furciger*"，而在其后的图版中又订正为"*P. furcifer*"（Pl. 156）。 据单词的词意（义）分析，还是采用订正后的名称更为恰当。

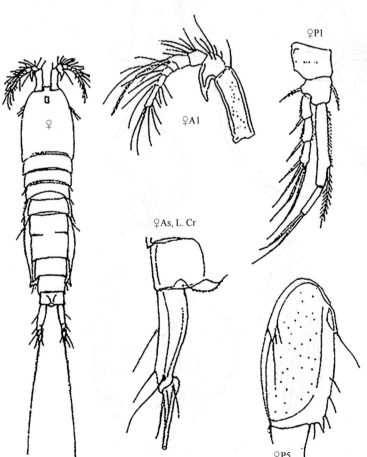

图 151　叉叶足猛水蚤
Phyllopodopsyllus furcifer
（仿自文献 [75]）

152. 长尾叶足猛水蚤 *Phyllopodopsyllus longicaudatus* A. Scott, 1909（图 152）

体长：♂ 0.58mm。

生态习性：底栖性种。

地理分布：台湾海峡、南海；马来群岛海域；西太平洋。

参考文献：20，65，77，87。

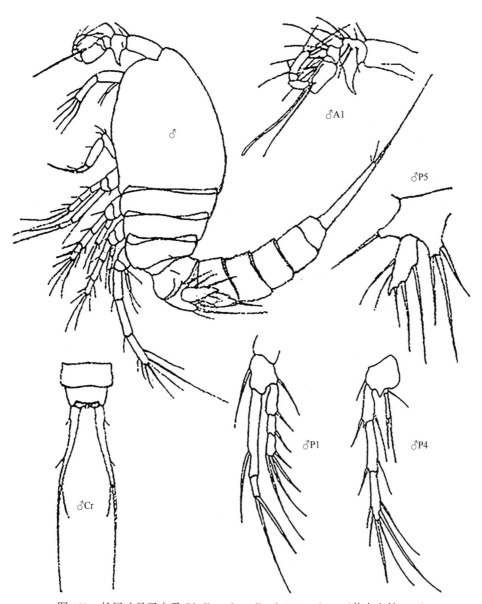

图 152　长尾叶足猛水蚤 *Phyllopodopsyllus longicaudatus*（仿自文献 [77]）

三十一、殊足猛水蚤科［异足猛水蚤科］
Family Thalestridae Sars, 1905

本科包括 25 属 [36]，但 Wells[87] 又把其中大部分"属"置入其他的"科"之中，而本科仅收入 7 属。本书基本采用 Boxshall 和 Halsey[36] 的科、属系统。

中国海及其邻近海域已记录 12 属 18 种。

[*Ialysus* Brian: Gurney, 1927; Lang, 1948; Boxshall & Halsey, 2004; Wells, 2007]

[*Dactylopus* Claus, 1863 (部分). *Dactylopusia* Norman, 1903 (部分). *Dactylopodopsis* Monard, 1936]

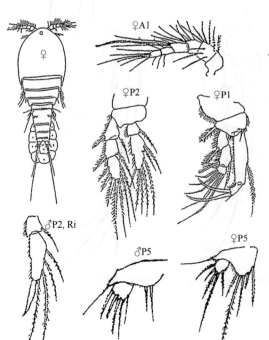

153. 黄小指猛水蚤 *Dactylopodella flava* (Claus, 1866)（图 153）

[*Dactylopus flavus* Claus, 1866; Brady, 1880 (♀)]

体长：♀ 0.5mm。

生态习性：底栖性种。

地理分布：台湾基隆碧砂渔港；太平洋，大西洋。

参考文献：10，19，20，65，75，87。

图 153　黄小指猛水蚤 *Dactylopodella flava*（仿自文献 [75]）

154. 日角指状猛水蚤［日角小肢猛水蚤］*Dactylopodia tisboides* (Claus, 1863)
（图 154）

[*Dactylopus tisboides* Claus, 1863. *Dactylopusia thisboides* (Claus): Sars, 1911; Gurney, 1927; Wilson, 1932; Sewell, 1940]

体长：♀ 0.45 ～ 1.50mm。

生态习性：底栖性种。

地理分布：台湾基隆碧砂渔港、南海西沙群岛海域；太平洋，印度洋，大西洋。

参考文献：10，19，20，33，45，65，75，79，87，90。

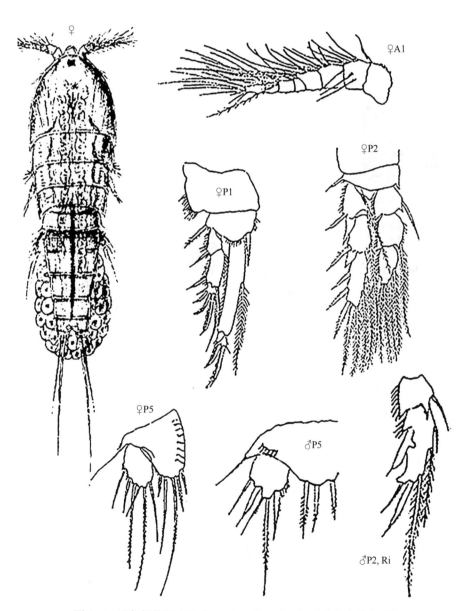

图 154　日角指状猛水蚤 *Dactylopodia tisboides*（仿自文献 [75]）

155. 普通指状猛水蚤 *Dactylopodia vulgaris* (Sars, 1905)（图 155）

[*Dactylopusia vulgaris* Sars, 1905; 1911; Wilson, 1932; Lang, 1936; Wells, 2007. *D. tisboides*: Brady, 1868; Giesbrecht, 1891; 1892]

体长：♀ 0.60 ～ 0.75mm，♂ 0.5 ～ 0.6mm。

生态习性：底栖性种。

地理分布：台湾基隆碧砂渔港、南海；太平洋，大西洋。

参考文献：10，19，20，65，75，87，90。

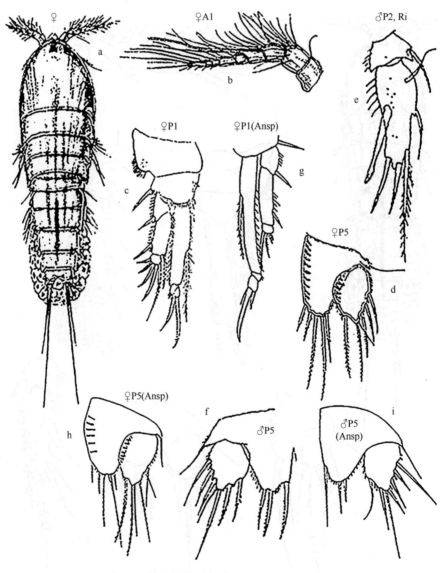

图 155　普通指状猛水蚤 *Dactylopodia vulgaris*

a ～ f 仿自文献 [75]；g ～ i 仿自文献 [65]

156. 掘童指猛水蚤 *Dactylopusioides fodiens* Shimono, Iwasaki & Kawai, 2004

（图 156）

体长：♀ 0.7mm，♂ 0.6mm。

生态习性：底栖性种。

地理分布：日本海南部—日本沿海；西太平洋。

参考文献：81，87。

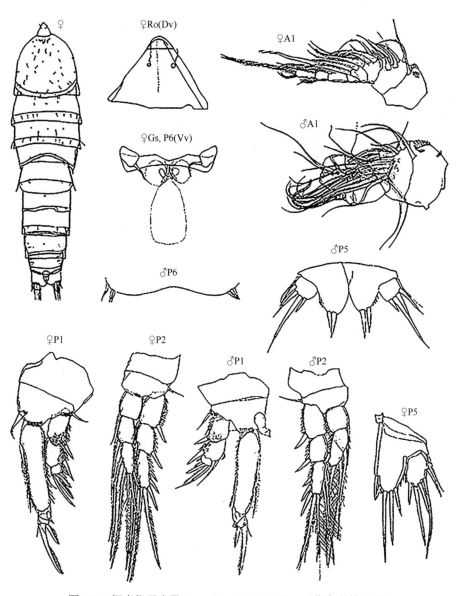

图 156　掘童指猛水蚤 *Dactylopusioides fodiens*（仿自文献 [81]）

157. 锤童指猛水蚤 *Dactylopusioides mallens* Shimono, Iwasaki & Kawai, 2007
（图 157）

体长：♀ 0.76mm，♂ 0.62mm。

生态习性：底栖性种。

地理分布：日本海南部—日本沿海；西太平洋。

参考文献：82。

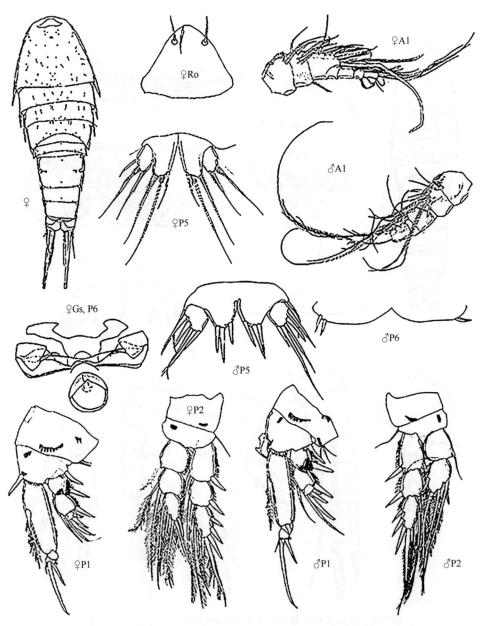

图 157　锤童指猛水蚤 *Dactylopusioides mallens*（仿自文献 [82]）

158. 小双节猛水蚤 *Diarthrodes nanus* (T. Scott, 1914)（图 158）

[小伪殊足猛水蚤 *Pseudothalestris nana* T. Scott, 1914; Gurney, 1927; Sewell, 1940; 连光山和黄将修,
2008; *Phyllothalestris nana* T. Scott, 1942; 陈清潮, 2008. *Diarthrodes intermedius* T. Scott, 1912; Lang,
1936 (部分)]

体长：♀ 0.45mm。

生态习性：底栖性种。

地理分布：台湾基隆碧砂渔港、南海；太平洋，印度洋（红海），大西洋西南部（福克
兰群岛）。

参考文献：10，19，20，45，65，78，79，87。

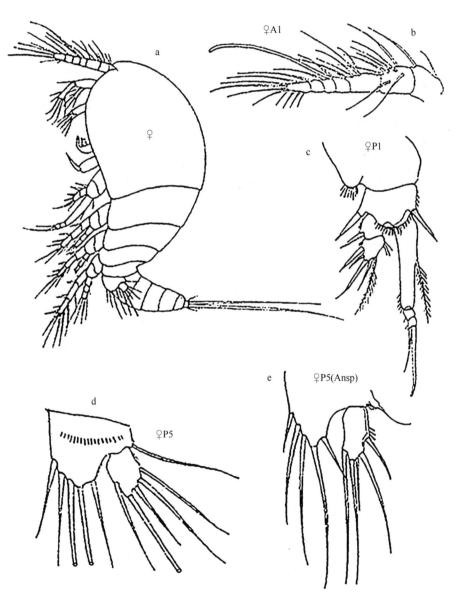

图 158　小双节猛水蚤 *Diarthrodes nanus*

a～d 仿自文献 [78]；e 仿自文献 [45]

159. 著名双节猛水蚤 *Diarthrodes nobilis* (Baird, 1845)（图 159）

[*Arpacticus nobilis* Baird, 1845; 1846; 1850. *Westwoodia nobilis*: Sars, 1906; 1911. *Parawestwoodia nobilis*: Gurney, 1927. *Pseudothalestris nobilis*: Wilson, 1932]

体长：♀ 0.63 ～ 0.90mm，♂ 0.7 ～ 0.8mm。

生态习性：底栖性种。

地理分布：台湾南湾、南海；太平洋，印度洋，北大西洋，地中海。

参考文献：20，45，65，75，87，90。

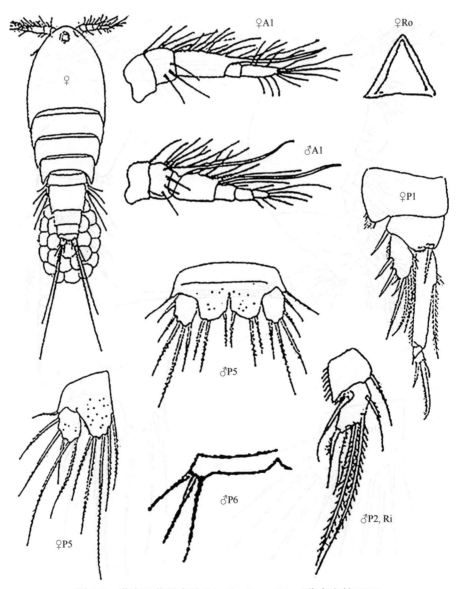

图 159　著名双节猛水蚤 *Diarthrodes nobilis*（仿自文献 [75]）

160. 萨氏双节猛水蚤 *Diarthrodes sarsi* (A. Scott, 1909)（图 160）

[萨氏伪殊足猛水蚤 *Pseudothalestris sarsi* A. Scott, 1909; 连光山和黄将修, 2008; 萨氏殊足猛水蚤 *Phyllothalestris sarsi* Sewell, 1940: 陈清潮, 2008]

体长：♀ 0.68mm。

生态习性：底栖性种。

地理分布：台湾基隆碧砂渔港、南海；马来群岛海域；太平洋。

参考文献：10，19，20，65，77，87。

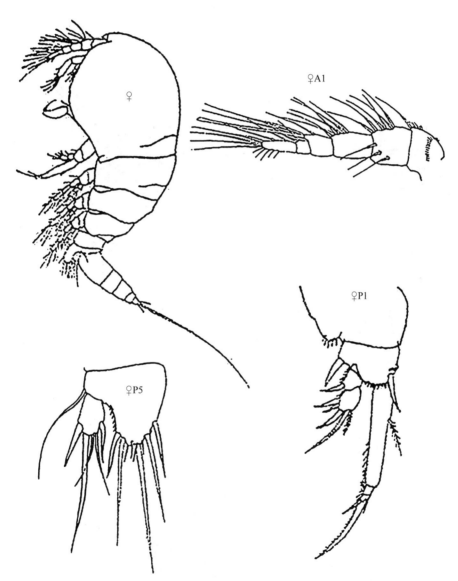

图 160　萨氏双节猛水蚤 *Diarthrodes sarsi*（仿自文献 [77]）

161. 安氏真指猛水蚤 *Eudactylopus andrewi* Sewell, 1940 （图 161）

[*Dactylopus latipes* T. Scott, 1893. *Dactylophusia latipes*: Thompson & A. Scott, 1903. 扁足真小肢猛水蚤 *Eudactylopus latipes* (T. Scott): A. Scott, 1909; Lang, 1948; 张崇洲和李志英, 1976; 连光山和林玉辉, 1994; 2008. *E. latipes* f. *andrewi* Sewell, 1940. *E. andrewi andrewi*: Vervoort, 1964. *E. latipes typica* Sewell, 1940; 陈清潮, 2008]

体长: ♀ 1.28 ～ 1.50mm，♂ 0.9 ～ 1.3mm。

生态习性: 底栖性种。

地理分布: 台湾南湾及基隆碧砂渔港、南海西沙群岛；马来群岛，韩国及日本沿海；太平洋，印度洋。

参考文献: 10，17，19，20，33，38，54，65，77，79，85，87。

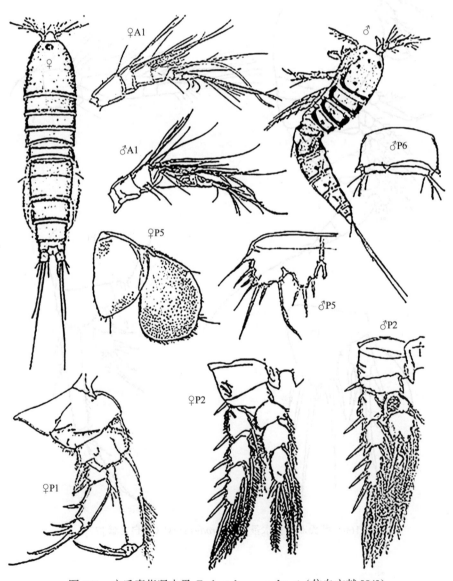

图 161　安氏真指猛水蚤 *Eudactylopus andrewi*（仿自文献 [54]）

162. 丽真指猛水蚤 *Eudactylopus spectabilis* (Brian, 1923)（图 162）

[*Parathalestris clausi* var. *spectabilis* Brian, 1923. *Parathalestris spectabilis*: Brian, 1927; 1928]

体长： ♀ 1.00 ～ 1.35mm，♂ 0.95 ～ 1.52mm。

生态习性： 底栖性种。

地理分布： 韩国沿海及济州岛海域；西太平洋，北大西洋及地中海，黑海。

参考文献： 38，65。

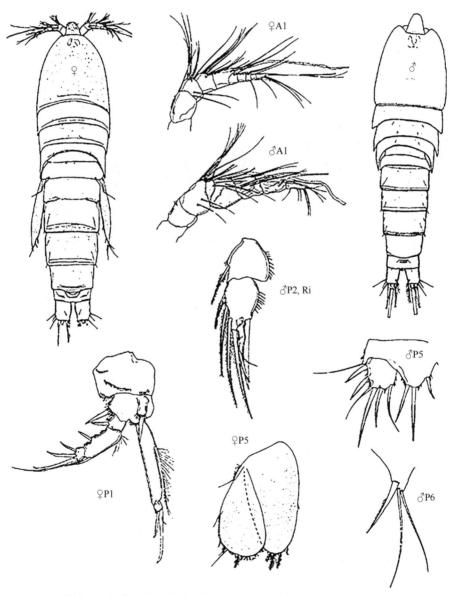

图 162　丽真指猛水蚤 *Eudactylopus spectabilis*（仿自文献 [38]）

163. 宽尾首领猛水蚤 *Idomene laticaudata* (Thompson & A. Scott, 1903)（图 163）

[*Dactylophusia laticaudata* Thompson & A. Scott, 1903]

　　体长：♀ 0.6mm。

　　生态习性：底栖性种。

　　地理分布：南海；马来群岛海域；西太平洋，印度洋。

　　参考文献：20，65，77，85，87。

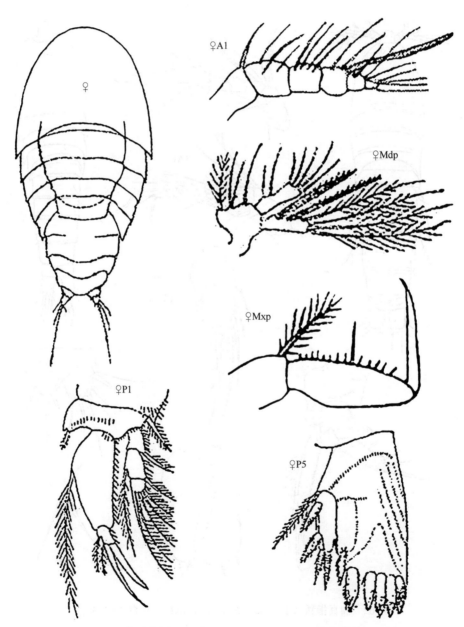

图 163　宽尾首领猛水蚤 *Idomene laticaudata*（仿自文献 [85]）

164. 究捷利猛水蚤 *Jalysus investigetioris* Sewell, 1940（图 164）

[*Parilysus investigatoris* (Sewell, 1940): Wells, 2007]

体长：♀ 0.89mm，♂ 0.81mm。

生态习性：底栖性种。

地理分布：台湾南湾；西太平洋，印度洋（马尔代夫群岛海域）。

参考文献：19，20，79，87。

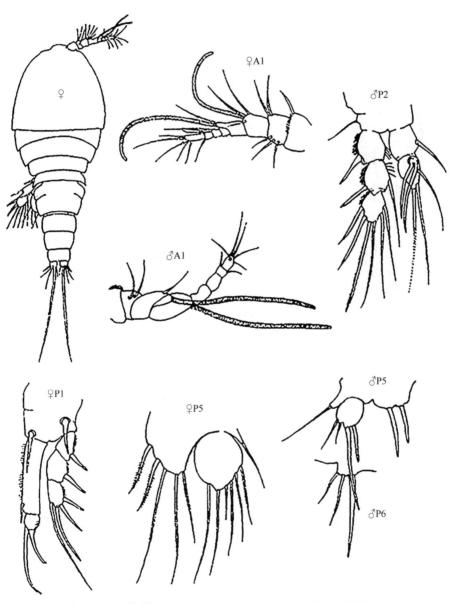

图 164　究捷利猛水蚤 *Jalysus investigetioris*（仿自文献 [79]）

165. 短角拟指猛水蚤 *Paradactylopodia brevicornis* (Claus, 1866)（图 165）

[短角指状猛水蚤 *Dactylopodia brevicornis* (Claus): 连光山和黄将修, 2008; 陈清潮, 2008. *Dactylopus brevicornis* Claus, 1866. *Dactylopusia brevicornis* (Claus): Sars, 1905; 1911; Brady, 1918; Wilson, 1932]

体长：♀ 0.50～0.65mm，♂ 0.45～0.55mm。

生态习性：底栖性种。

地理分布：台湾南湾、南海；太平洋，印度洋，北大西洋。

参考文献：10，19，20，65，75，87，90。

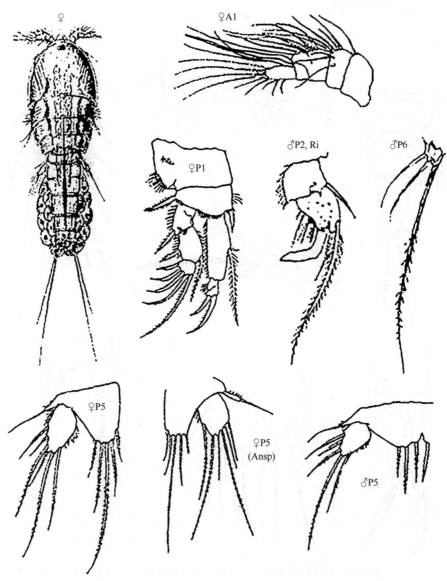

图 165　短角拟指猛水蚤 *Paradactylopodia brevicornis*（仿自文献 [75]）

166. 宽足拟指猛水蚤 *Paradactylopodia latipes* (Boeck, 1864)（图 166）

[*Dactylopus latipes* Boeck, 1864. *Dactylopusia latipes* (Boeck): Lang, 1936; Sars, 1911]

体长: ♀ 0.65 ～ 0.75mm，♂ 0.6mm。

生态习性: 底栖性种。

地理分布: 台湾基隆碧砂渔港；西太平洋，北大西洋。

参考文献: 20，65，75，87。

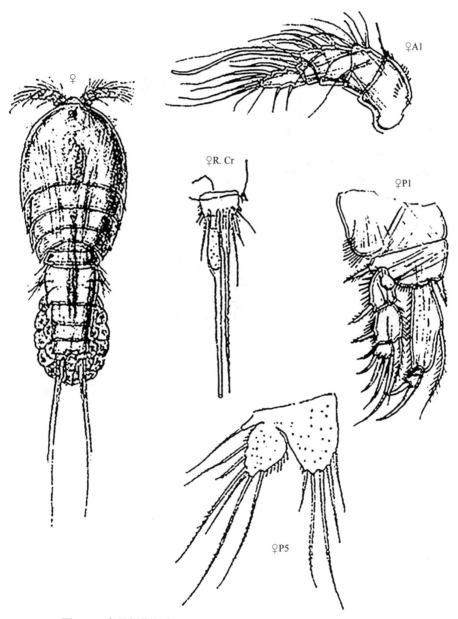

图 166　宽足拟指猛水蚤 *Paradactylopodia latipes*（仿自文献 [75]）

167. 宽体拟月猛水蚤 *Paramenophia platysoma* (Thompson & A. Scott, 1903)
（图 167）

[*Dactylophusia platysoma* Thompson & A. Scott, 1903; Lang, 1948]

体长：♀ 0.62 ～ 0.72mm。

生态习性：底栖性种。

地理分布：日本九州西部沿海；西北太平洋，印度洋。

参考文献：53，65，85，87。

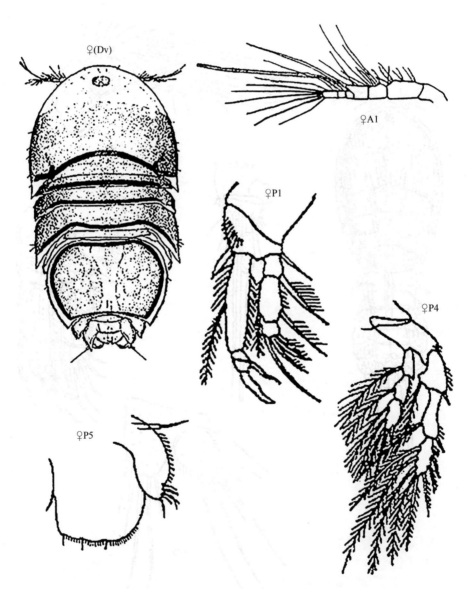

图 167　宽体拟月猛水蚤 *Paramenophia platysoma*

♀(Dv) 仿自文献 [53]；其余仿自文献 [85]

168. 糠幼叶殊足猛水蚤 *Phyllothalestris mysis* (Claus, 1863)（图 168）

[*Thalestris mysis* Claus, 1863; Brady, 1880; Thompson & A. Scott, 1903. *Phyllothalestris paramysis*: Lang, 1936. *P. mysis* f. *harringtoni* Willey, 1935]

体长: ♀ 1.4 ～ 1.9mm。

生态习性: 底栖性种。

地理分布: 台湾基隆碧砂渔港、南海; 马来群岛海域; 西太平洋, 印度洋, 北大西洋, 地中海。

参考文献: 10，19，20，65，75，77，79，87。

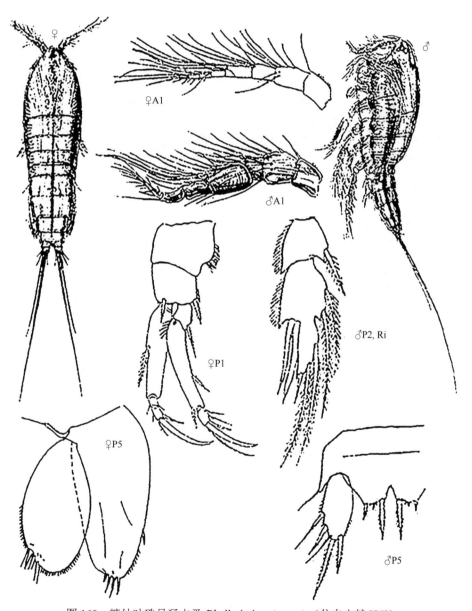

图 168　糠幼叶殊足猛水蚤 *Phyllothalestris mysis*（仿自文献 [75]）

169. 红带吻殊足猛水蚤 [赤腰吻殊足猛水蚤，红鼻异足猛水蚤] *Rhynchothalestris rufocincta* (Brady, 1880)（图 169）

[*R. similis* A. Scott, 1909; Sewell, 1940. *Thalestris rufocincta* Brady, 1880; 1903. *Ambunguipes rufocincta* (Brady, 1880): Wells, 2007. *A. similis* (A. Scott, 1909): Wells, 2007]

体长： ♀ 0.91 ～ 1.47mm，♂ 0.7 ～ 0.9mm。

生态习性： 底栖性种。

地理分布： 东海、福建沿海、台湾基隆碧砂渔港、南海西沙群岛；马来群岛海域；太平洋，印度洋，大西洋。

参考文献： 10，17，19，20，28，33，45，65，75，77，79，87。

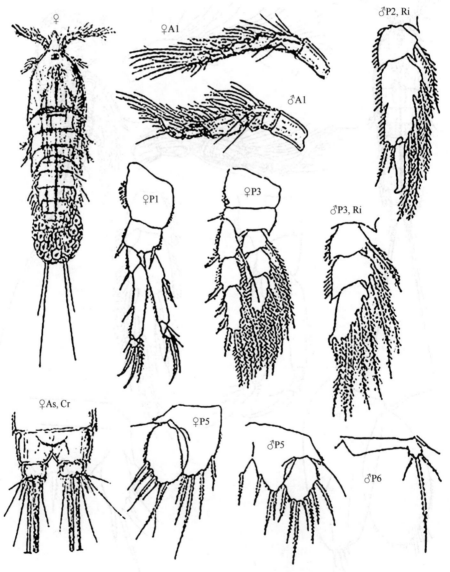

图 169　红带吻殊足猛水蚤 *Rhynchothalestris rufocincta*（仿自文献 [75]）

170. 典型小将猛水蚤 *Tydemanella typical* **A. Scott, 1909**（图 170）

体长：♀ 1.15mm。

生态习性：底栖性种。

地理分布：南海；马来群岛海域；西太平洋。

参考文献：20，65，77，87。

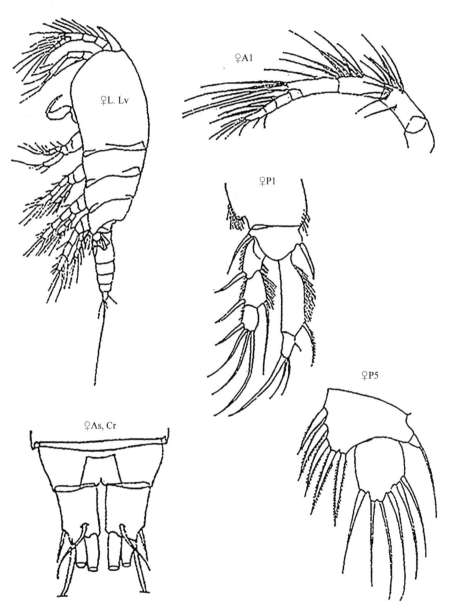

图 170　典型小将猛水蚤 *Tydemanella typical*（仿自文献 [77]）

三十二、日角猛水蚤科 Family Tisbidae Stebbing, 1910

[Idyidae Sars, 1905; 1911. Idyaeidae Sars, 1910; 1920]

　　本科原包括 27 属 [36]，大多数为海洋底栖性种，少数为海洋深水种及寄（共）生种。其中有 3 属（*Peresime* Dinet, 1974; *Pseudozosime* T. Scott, 1912; *Zosime* Boeck, 1873）已置入 "宽额猛水蚤科 Zosimidae Seifried, 2003" 之中 [87]，现在本科仅有 24 属。

　　中国海及其邻近海域仅记录 2 属 7 种。

属名	种数	页码
1. 日角猛水蚤属 *Tisbe* Lilljeborg, 1853	6	190
[*Idya* Philippi, 1843. *Idyaea* Sars, 1909; 1911]		
2. 小日角猛水蚤属 *Tisbella* Gurney, 1927	1	196
[*Chappaquiddicka* Wilson, 1932]		

171. 百慕大日角猛水蚤 *Tisbe bermudensis* Willey, 1930（图 171）

　　体长：♀ 0.71 ～ 0.80mm。
　　生态习性：底栖性种。
　　地理分布：南海西沙群岛海域；西太平洋，北大西洋。
　　参考文献：10，17，20，33，65，87，88。

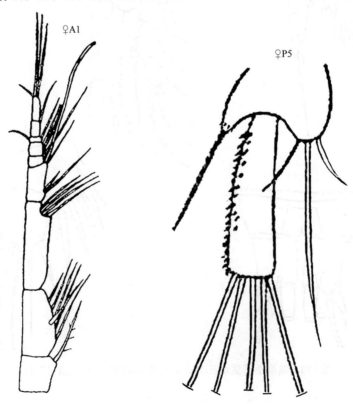

图 171　百慕大日角猛水蚤 *Tisbe bermudensis*（仿自文献 [88]）

172. 剑日角猛水蚤 *Tisbe ensifera* Fischer, 1860（图 172）

[*Idya furcata*: Brady, 1880. *Idya ensifera*: Sars, 1905; 1911. *Idyaea ensifera*: Lang, 1934; Sars, 1909; 1910; 1911]

体长：♀ 0.63 ～ 1.00mm。

生态习性：底栖性种。

地理分布：台湾基隆碧砂渔港、南海；太平洋，印度洋，大西洋。

参考文献：10，19，20，65，75，87，88。

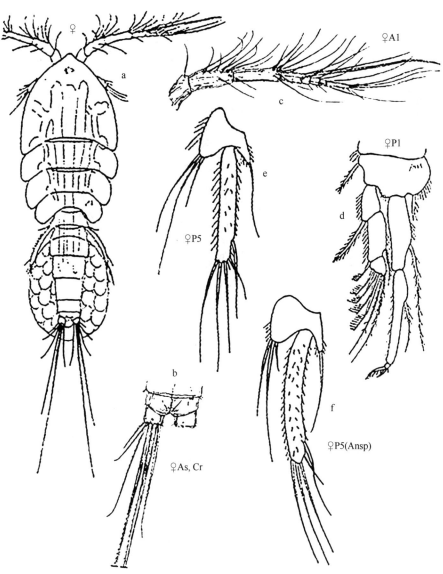

图 172　剑日角猛水蚤 *Tisbe ensifera*

a ～ e 仿自文献 [75]；f 仿自文献 [65]

173. 瘦日角猛水蚤 *Tisbe gracilis* (**T. Scott, 1895**)（图 173）

[*Idya furcata*: Monard, 1926. *Idya gracilis* T. Scott, 1895; Sars, 1905; 1911. *Idyaea gracilis*: Sars, 1910; 1911; Lang, 1936. *Tisbe wilsoni* Sewell, 1928]

体长：♀ 0.7～1.3mm，♂ 0.72～0.87mm。

生态习性：底栖性种。

地理分布：台湾基隆碧砂渔港、南海；太平洋，印度洋，大西洋。

参考文献：10，19，20，65，75，87，88。

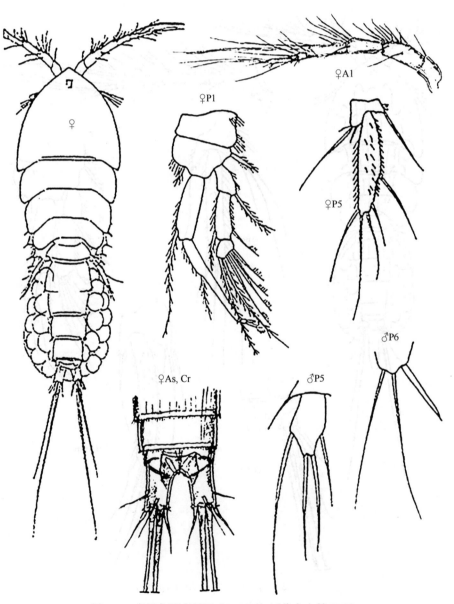

图 173　瘦日角猛水蚤 *Tisbe gracilis*（仿自文献 [75]）

174. 长角日角猛水蚤 *Tisbe longicornis* (T. Scott & A. Scott, 1895)（图 174）

[*Idya longicornis* T. Scott & A. Scott, 1895; 1896; Sars, 1905; 1911; Thompson & A. Scott, 1903. *Idyaea longicornis*: Sars, 1911]

体长：♀ 1.5 ～ 1.7mm。

生态习性：底栖性种。

地理分布：台湾基隆碧砂渔港、南海；太平洋，印度洋，大西洋。

参考文献：10，19，20，45，65，75，85，87。

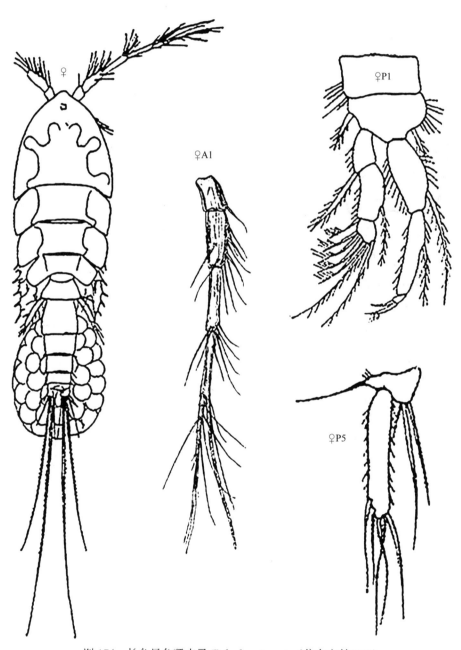

图 174　长角日角猛水蚤 *Tisbe longicornis*（仿自文献 [75]）

175. 长毛日角猛水蚤 *Tisbe longisetosa* Gurney, 1927（图 175）

体长： ♀ 0.8mm。

生态习性： 底栖性种。

地理分布： 台湾基隆碧砂渔港、南海；太平洋，印度洋（红海），地中海（塞得港）。

参考文献： 10，19，20，45，65，87。

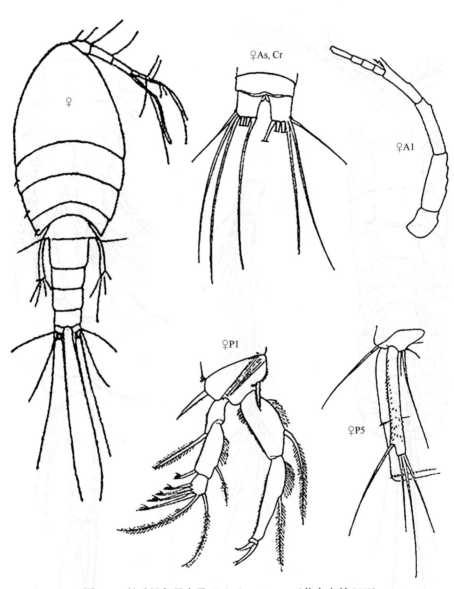

图 175　长毛日角猛水蚤 *Tisbe longisetosa*（仿自文献 [45]）

176. 幼日角猛水蚤 *Tisbe tenera* (Sars, 1905)（图 176）

[*Idya tenera* Sars, 1905; 1911. *Idyaea tenera*: Sars, 1911]

体长：♀ 0.71 ～ 0.96mm。

生态习性：底栖性种。

地理分布：台湾基隆碧砂渔港、厦门湾、南海；太平洋，印度洋（红海），大西洋，地中海（塞得港）。

参考文献：10，16，19，20，45，65，75，87。

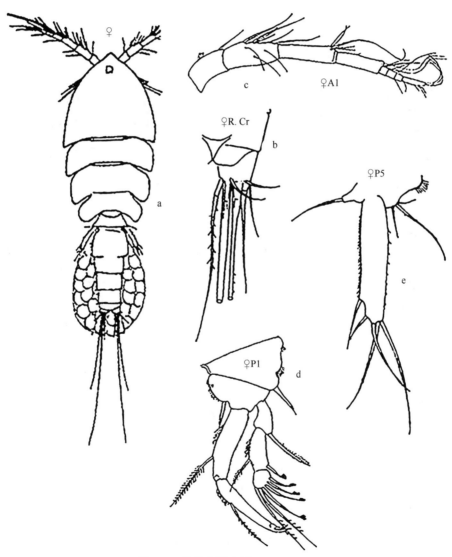

图 176　幼日角猛水蚤 *Tisbe tenera*

a 仿自文献 [75]；b ～ e 仿自文献 [45]

177. 荣小日角猛水蚤 *Tisbella timsae* Gurney, 1927（图 177）

体长：♀ 0.77mm。

生态习性：底栖性种。

地理分布：台湾基隆碧砂渔港、南海；太平洋，红海（苏伊士运河），北大西洋。

参考文献：10，19，20，45，65，87，88。

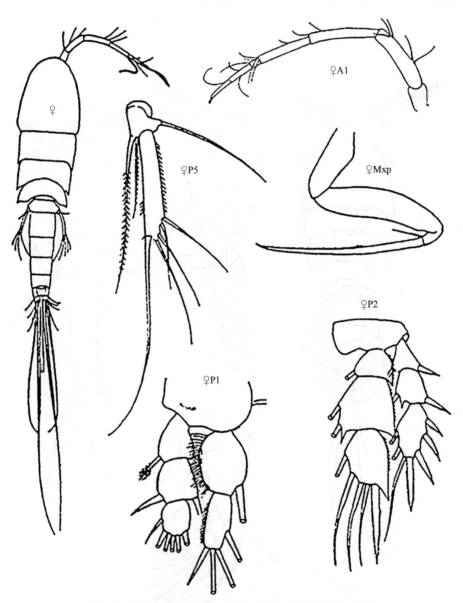

图 177　荣小日角猛水蚤 *Tisbella timsae*（仿自文献 [45]）

三十三、宽额猛水蚤科 Family Zosimidae Seifried, 2003

本科含 3 属 17 种 [87]。中国海仅记录 1 属 1 种。

属名	种数	页码
宽额猛水蚤属 *Zosime* Boeck, 1872	1	197

178. 强壮宽额猛水蚤 *Zosime valida* Sars, 1919（图 178）

[*Zosime typica*: Brady, 1880; Norman & Brady, 1909; T. Scott, 1893; 1910; T. & A. Scott, 1901]

体长：♀ 0.43 ～ 0.70mm。

生态习性：底栖性种。

地理分布：台湾海峡南部海域、厦门湾；太平洋，大西洋。

参考文献：20，65，76，87。

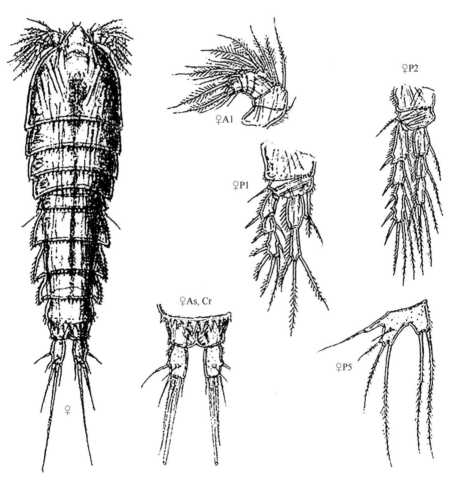

图 178　强壮宽额猛水蚤 *Zosime valida*（仿自文献 [76]）

参 考 文 献

[1] 中国科学院海洋研究所浮游生物组. 1977. 中国近海浮游生物种类名录 (桡足类)//中华人民共和国科学技术委员会海洋组海洋综合调查办公室. 全国海洋综合调查报告 第八册 第十章. 青岛: 中国近海浮游生物的研究: 153-156. (内部)

[2] 王云龙, 庄志猛, 李纯厚, 等. 2006. 第七章. 浮游动物. 附录: 生物种类名录 (1997-2001)//唐启升. 中国专属经济区海洋生物资源与栖息环境. 北京: 科学出版社: 658-706.

[3] 石长泰, 黄将修, 黄文彬. 2000. 西部北太平洋台湾北海域涌升流区的浮游桡足类. 台湾博物馆专题论著第 10 辑: 19-35.

[4] 朱长寿. 1988. 附录: 台湾海峡中、北部生物名录——浮游动物 (桡足类)//福建海洋研究所. 台湾海峡中、北部海洋综合调查研究报告. 北京: 科学出版社: 399-401.

[5] 沈嘉瑞, 白雪娥. 1956. 烟台鲐鱼产卵场桡足类的研究. 动物学报, 8(2): 177-234, 图版 1-13.

[6] 沈嘉瑞, 李荻香. 1966. 广东湛江口的桡足类. 动物分类学报, 3(3): 213-223.

[7] 沈嘉瑞, 戴爱云, 宋大祥. 1979. 中国动物志 节肢动物门 甲壳纲 淡水桡足类. 北京: 科学出版社: 1-450.

[8] 陈清潮, 章淑珍, 朱长寿. 1974. 黄海和东海的浮游桡足类 II //剑水蚤目和猛水蚤目. 海洋科学集刊, 9: 27-76, 图版 1-24.

[9] 陈清潮. 2003. 南沙群岛海区生物多样性名典. 北京: 科学出版社: 132-142.

[10] 陈清潮. 2008. 甲壳动物亚门 (颚足纲: 桡足亚纲)//刘瑞玉. 中国海洋生物名录. 北京: 科学出版社: 608-635.

[11] 陈柏云. 1982. 西沙、中沙群岛海洋浮游桡足类的种类组成和分布. 厦门大学学报 (自然科学版), 21(2): 209-217.

[12] 何德华. 1985. 浙江省海岸带调查浮游动物名录 (桡足类)//国家海洋局第二海洋研究所. 浙江省海岸带海洋生物资源调查报告: 13-16.

[13] 连光山, 张金标, 蔡秉及. 1981. 第九章 浮游生物//国家海洋局. 《实践》号海洋调查船中太平洋西部调查报告、资料. 北京: 海洋出版社: 报告 74-88, 资料 107-129.

[14] 连光山, 林玉辉. 1986. 附录: 浮游生物种类名录 (浮游动物 桡足类)//国家海洋局第三海洋研究所. 福建海岸带和海涂资源综合调查. 浮游生物专业调查报告: 24-30.

[15] 连光山, 林玉辉. 1988, 1990. 大亚湾浮游动物种类名录: 桡足类//国家海洋局第三海洋研究所. 大亚湾核电站海洋生态零点调查研究: 第一年度报告第六章第二节附录 (1986.12-1987.12): 474-484(1988); 第二年度报告第九章附录 (1988.9-1989.9): 35-40(1990).

[16] 连光山, 林玉辉. 2006. 桡足类亚纲//黄宗国. 厦门湾物种多样性. 北京: 海洋出版社: 215-221; 图 168-178(550-560).

[17] 连光山, 林玉辉. 1994, 2008. 桡足类亚纲 Copepoda//黄宗国. 中国海洋生物种类与分布. 北京: 海洋出版社: 496-516(1994); 549-577(2008 增订版).

[18] 连光山, 钱宏林. 1984. 西太平洋热带水域的浮游桡足类//国家海洋局第三海洋研究所. 西太平洋热带水域浮游生物论文集. 北京: 海洋出版社: 118-205, 图版 1-32.

[19] 连光山, 黄将修. 2008. 台湾南湾和基隆碧砂港桡足类记录种 (2001-2007)//黄宗国. 中国海洋生物种

类与分布 (增订版). 北京: 海洋出版社: 566-576.

[20] 黄宗国, 林茂. 2012. 中国海洋物种和图集. 北京: 海洋出版社.

[21] 连光山, 王彦国, 孙柔鑫, 等. 2018. 中国海洋浮游桡足类多样性 (下册) Ⅵ. 猛水蚤目 Order Harpacticoida Sars, 1903. 北京: 海洋出版社: 688-704, 图 615-625.

[22] 连光山, 孙柔鑫, 王彦国. 2016. 南海北部沿海猛水蚤桡足类 2 新记录种. 国家海洋局第三海洋研究所 (内部).

[23] 郑重, 张松踪, 李松. 1965. 中国海洋浮游桡足类 (上卷). 上海: 上海科学技术出版社.

[24] 郑重, 李松, 李少菁. 1982. 中国海洋浮游桡足类 (中卷). 上海: 上海科学技术出版社.

[25] 郑重, 李松, 李少菁. 1978. 我国海洋浮游桡足类的种类组成和地理分布. 厦门大学学报 (自然科学版), 2: 51-63.

[26] 郑重, 李少菁, 李松, 等. 1982. 台湾海峡浮游桡足类的分布. 台湾海峡, 1(1): 69-79.

[27] 郑重, 李少菁, 连光山. 1992. 海洋桡足类生物学. 厦门: 厦门大学出版社: 1-312.

[28] 林玉辉, 连光山. 1988. 台湾海峡西部海域浮游桡足类的生态. 台湾海峡, 7(3): 248-255.

[29] 林玉辉, 连光山. 1988. 南海中部海洋生物种属名录 三、浮游动物 (桡足类)//国家海洋局. 南海中部海域环境资源综合调查报告. 北京: 海洋出版社: 238-246.

[30] 孟凡, 毛兴华, 俞建銮. 1987. 江苏海岸带水域浮游动物的种类组成和分布. 生态学报, 9(3): 256-266.

[31] 张金标, 连光山, 蔡秉及. 1981. 第七章 调查海区的浮游生物//国家海洋局.《向阳红 09》海洋调查船中太平洋西部调查报告、资料. 北京: 海洋出版社: 报告 118-136, 资料 237-257.

[32] 张达娟. 2011. 海水酸化对几种桡足类生理生化影响及其机制研究. 厦门: 厦门大学博士学位论文.

[33] 张崇洲, 李志英. 1976. 我国西沙群岛的猛水蚤. 动物学报, 22(1): 66-70.

[34] 罗大民. 2003. 厦门马銮湾湿地及其生态重构示范区生态背景调查报告: 第七章 底栖生物. 厦门: 厦门大学出版社: 99-109.

[35] 黄世敏. 1986. 长江口及济州岛邻近海域综合调查研究报告: 第五章 第三节 浮游动物名录 (桡足类). 山东海洋学院学报, 16(2): 75-79.

[36] Boxshall G A, Halsey S H. 2004. An Introduction to Copepod Diversity. Vol. 1-2. Landon: The Ray Society: 966 pp.

[37] Brady G S. 1883. Report on the Copepoda obtained by H. M. S. Challenger, during the years 1873-1876. Rep. Scient. Results Voy. Challenger (Zool.), 8(23): 1-142, pls. 1-55.

[38] Chang C Y, Song S J. 1995. Marine harpacticoid copepods of genus *Eudactylopus* (Harpacticoida, Thalestridae) in Korea. The Korean Journal of Systematic Zoology, 11(3): 379-388.

[39] Chang C Y. 2007. Two harpacticoid species of genera *Nitokra* and *Ameira* (Harpacticoida: Armeiridae) from Brackish Waters in Korea. Integrative Biosciences, 11: 247-253.

[40] Chihara M, Murano M. 1997. Subclass Copepoda//Chihara M, Murano M. An Illustrated Guide to Marine Plankton in Japan. Tokyo: Tokai University Press: 649-1004.

[41] Farran G P. 1929. Copepoda. British Antarctic (Terra Nova) Expedition, 1910. Nat. Hist. Rep. Zool., 8(3): 203-306, 4 pls., 37 textfigs.

[42] Gee J M, Mu F H. 2000. A new genus of Cletodidae (Copepoda, Harpacticoida) from the Bohai Sea, China. Journal of Natural History, 34(6): 809-822.

[43] Gheerardyn H, Fiers F, Vincx M, et al. 2006. *Peltidiphonte* gen. n., a new taxon of Laophontidae (Copepoda: Harpacticoida) from coral substrates of the Indo-West Pacific Ocean. Hydrobiologia, 553(1): 171-199.

[44] Giesbrecht W. 1892. Systematik und faunistik der pelagischen copepoden des golfes von Neapel. Fauna

und Flora Golf. Neapel, 19: 1-831, 54 pls.

[45] Gurney R. 1927. Report on the Crustacea. Copepoda (littoral and semiparasitic) //"Cambrige expedition to the Suez Canal, 1924". Transactions of the Zoological Society of London, 22(4): 451-577.

[46] Hirota Y. 1995. The Kuroshio. Part Ⅲ. Zooplanktkon. Oceanography and Marine Biology: an Annual Review, 33: 151-220.

[47] Huys R, Boxshall G A. 1991. Copepod evolution. London: Ray Society: 1-468.

[48] Huys R, Lee W. 1999. On the relationships of the Normanellidae and the recognition of Cletopsyllidae grad. nov. (Copepoda, Harpacticoida). Zoologischer Anzeiger, 237: 267-290.

[49] Huys R, Mu F H. 2008. Description of a new species of *Onychostenhelia* Itô (Copepoda, Harpacticoida, Miraciidae) from the Bohai Sea, China. Zootaxa, 1706: 51-68.

[50] Itô T. 1968. Descriptions and records of marine harpacticoid copepods from Hokkaido Ⅰ. Journal of the Faculty of Science. Hokkaido Univ., Ser. Ⅵ, Zool., 16(3): 369-381.

[51] Itô T. 1969. Description and records of marine harpacticoid copepods from Hokkaido Ⅱ. Journal of the Faculty of Science, Hokkaido Univ., Ser. Ⅵ, Zool., 17(1): 58-77.

[52] Itô T. 1971. A new species of the genus *Cletophsyllus* from Sagami Bay (Harpacticoida). Annot. Zool. Japan., 44(2): 117-124.

[53] Itô T. 1973. Three species of marine harpacticoid copepods from Amakusa, Kyushu. Journal of the Faculty of Science, Hokkaido Univ., Ser. Ⅵ, Zool., 18(4): 516-531.

[54] Itô T. 1974. Description and records of marine harpacticoid copepods from Hokkaido Ⅴ. Journal of the Faculty of Science, Hokkaido Univ., Ser. Ⅵ, Zool., 19(3): 546-640.

[55] Itô T. 1976. Description and records of marine harpacticoid copepods from Hokkaido Ⅵ. Journal of the Faculty of Science, Hokkaido Univ., Ser. Ⅵ, Zool., 20(3): 448-567.

[56] Itô T. 1977. New species of marine harpacticoid copepods of the genera *Harpacticella* and *Tigriopus* from the Bonin Islands, with reference to the morphology of copepodid stages. Journal of the Faculty of Science, Hokkaido Univ., Ser. Ⅵ, Zool., 21(1): 61-91.

[57] Itô T. 1979. A new species of marine harpacticoid copepods of the genus *Zausodes* from the Bonin Islands. Journal of the Faculty of Science, Hokkaido Univ., Ser. Ⅵ, Zool., 21(4): 373-382.

[58] Itô T. 1980. Two species of the genus *Longipedia* Claus from Japan, with reference to the taxonomic status of *L. weberi* previously reported from Amakusa, southern Japan (Copepoda: Harpacticoida). Journal of Natural History, 14: 17-32.

[59] Itô T. 1980. Three species of the genus *Zaus* (Copepoda, Harpacticoida) from Kodiak Island, Alaska. Publ. Seto Mar. Biol. Lab., 25(1/4): 51-77.

[60] Itô T. 1981. Descriptions and Records of Marine Harpacticoid Copepods from Hokkaido Ⅷ. Journal of the Faculty of Science, Hokkaido Uni., Ser. Ⅵ, Zool., 22(4): 422-450.

[61] Itô T. 1982. *Diosaccus* sp. aff. *dentatus* (Thompson et A. Scoff) (Copepoda, Harpacticoida) from Mactan Isl., the Philippines. Publ. Seto Mar. Biol. Lab., 27(1/3): 165-171.

[62] Itô T. 1982. Harpacticoid copepods from the Pacific abyssal off Mindanao. Ⅰ. Cerviniidae. Jour. Fac. Sci., Hokkaido Univ., Ser. Ⅵ, Zool., 23(1): 63-127.

[63] Itô T. 1983. Harpacticoid copepods from the Pacific abyssal off Mindanao. Ⅱ. Cerviniidae (cont.), Thalestridae, and Ameiridae. Publ. Seto Mar. Biol. Lab., 28(1/4): 151-254.

[64] Itô T. 1985. A new subspecies of *Longipedia andamanica* Wells from the Pacific Coast of Japan, with

reference to the morphology of *L. coronata* Claus (Copepoda: Harpacticoida). Publ. Seto Mar. Biol. Lab., 30(4/6): 307-324.

[65] Lang K. 1948. Monographie der Harpacticiden. Vol. 2. Lund: Hakan Ohlssons: 1682 pp.

[66] Lang K. 1965. Copepoda Harpacticoidea from the Californian Pacific coast. Kungl. Sv. Vet. Handl., 10(2): 1-560, pls.1-6.

[67] Lee W, Huys R. 2000. New Aegisthidae (Copepoda: Harpacticoida) from western Pacific cold seeps and hydrothermal vents. Zool. J. Linn. Soc., 129: 1-71.

[68] Lee W, Soh H Y, Montagna P A. 2006. Redescription of *Echinolaoponte armiger* (Gurney) (Copepoda, Harpacticoida) from the Gulf of Mexico. Zootaxa, 1250: 53-68.

[69] Mori T. 1929. An annotated list of the pelagic Copepoda from the S. W. part of the Japan Sea, with description of two new species. Zool. Mag., 41(486-487): 161-177, 199-212; 8 pls.

[70] Mori T. 1937. The Pelagic Copepoda from the neighbouring waters of Japan. Tokyo: Yokendo: 150 pp., 80 pls.

[71] Mu F H, Gee J M. 2000. Two new species of *Bulbamphiascus* (Copepoda: Harpacticoida: Diosaccidae) and a related new genus, from the Bohai Sea, China. Cahiers de Biologie Marine, 41: 103-135.

[72] Mu F H, Huys R. 2002. New species of *Stenhelia* (Copepod, Hanpacticoida, Diosaccidae) from the Bohai Sea (China) with notes on subgeneric division and phylogenetic relationships. Cah. Biol. Mar., 43: 179-206.

[73] Mu F H, Huys R. 2004. Canuellidae (Copepoda, Harpacticoida) from the Bohai Sea, China. Journal of Natural History, 38: 1-36.

[74] Rose M. 1933. Copépodes pélagiques. Faune de France, 26: 1-374, 456 textfigs.

[75] Sars G O. 1911. An Account of the Crustacea of Norwag. Vol. Ⅴ. Copepoda Harpacticoida. Bergen Museum: 1-449, 230 pls., 54 supplm. pls.

[76] Sars G O. 1920. An account of the crustacea of Norwag. Vol. Ⅶ. Copepoda Supplement. Bergen Museum: 1-121, 76 pls.

[77] Scott A. 1909. The Copepoda of the Siboga Expedition. Part Ⅰ. Free-living, littoral and semi-parasitic copepods. Siboga Expeditie, Monographie, 29a: 1-323, pls. 1-69.

[78] Scott T. 1914. Remarks on some copepods from the Falkland Island collected by Mr. Rupert Valfentine, F. L. S, Ann. Mag. Nat. Hist., Ser. 8, 13: 1-11, 369-379, pls. 1-2, 13-16.

[79] Sewell R B S. 1940. Copepoda, Harpacticoida. The John Murray Expedition 1933-1934. Scientific Report, 7(2): 117-382.

[80] Sewell R B S. 1947. The free swimming planktonic Copepoda. Systematic Account. John Murray Expedition 1933-1934. Scientific Report, 8(1): 1-303, 71 figs.

[81] Shimono T, Iwasaki N, Kawai H. 2004. A new species of *Dactylapusioides* (Copepoda: Harpacticoida: Thalestridae) infesting a brown alga, *Dictyota dichotoma* in Japan. Hydrobiologia, 523: 9-15.

[82] Shimono T, Iwasaki N, Kawai H. 2007. A new species of *Dactylapusioides* (Copepoda: Harpacticoida: Thalestridae) infesting a brown alga, and its life history. Zootaxa, 1582: 59-68.

[83] Song S J, Hyun S R, Won K. 2007. A new species of *Huntemannia* (Copepoda: Harpacticoida: Huntemanniidae) from the Yellow Sea, Korea. Zootaxa, 1616: 37-48.

[84] Tanaka O. 1960. Pelagic Copepods. Biological Results of the Japanese Antarctic Research Expedition, 10: 95 pp., 40 pls.

[85] Thompson I C, Scott A. 1903. Report on the Copepoda collected by Professor Herdman, at Ceylon, in 1902. Report to the Government of Ceylon on the Pearl Oyster Fisheries of the Gulf of Manaar, Suppl. Report, 7: 227-307, pls. 1-20.

[86] Ueda H, Nagai H. 2005. *Amphiascus kawamurai*, a new harpacticoid copepod (Crustacea: Harpacticoida: Miraciidae) from Nori Cultivation Tanks in Japan, with a redescription of the closely related *A. parvus*. Species Diversity, 10: 249-258.

[87] Wells J B J. 2007. An annotated checklist and keys to the species of Copepoda Harpacticoida (Crustacea). Zootaxa, 1568: 1-872.

[88] Willey A. 1930. Harpacticoid Copepoda from Bermuda. Part I . Ann. Mag. Nat. Hist., (10) 6: 81-114.

[89] Willen E. 2006. A new species of Copepoda Harpacticoida, *Xylora calyptogenae* sp. n., with a carnivorous life-style from a hydrothermally active submarine volcano in the New Ireland Fore-Arc system (Papua New Guinea) with notes on the systematics of the Donsiellinae Lang, 1948. Helgoland Marine Research, 60(4): 257-272.

[90] Wilson C B. 1932. The Copepods of the Woods Hole Region, Massachusetts. Bulletin of the United States National Museum, 158: 1-635, 316 textfigs. 41 pls.

[91] Wilson C B. 1950. Copepods gathered by the U. S. Fisheries steamer "Albatross" from 1887-1909, chifley in the Pacific Ocean. Bull. U. S. Nat. Mus., 100, 14(4): 141-441, 36 pls.

[92] Brian A. 1921. I Copepodi Harpacticoidi del Golfo di Genova. Genova: Studi del Laboratorio Marino di Quarto dei Mille Presso Genova: 112.

[93] Farran G P. 1905. Report on the Copepoda of the Atlantic slope off counties Mayo and Galway. Scientific Investigations of the Fisheries Branch of Ireland. 1902-1903 (2), appendix 2: 23-52, pls. 3-13. page(s): 46.

[94] Huys R, Conroy-Dalton S. 2000. Generic concepts in the Clytemnestridae (Copepoda, Harpacticoida), revision and revival. Bulletin of the Natural History Museum Zoology, 66 (1): 1-48.

索　引